王國維 述　鄔國義 編校

王國維早期講義三種

XIN LI XUE
心理學

JIAO YU XUE
教育學

JIAO SHOU FA
教授法

中華書局

圖書在版編目（CIP）數據

王國維早期講義三種：心理學、教育學、教授法/王國維述；鄔
國義編校. —北京：中華書局,2018.8
ISBN 978-7-101-13210-6

Ⅰ.王⋯　Ⅱ.①王⋯②鄔⋯　Ⅲ.①心理學–文集②教育學–
文集③教學法–文集　Ⅳ.①B84–53②G40–53③G424.1–53

中國版本圖書館 CIP 數據核字（2018）第 087543 號

書　　　名	王國維早期講義三種（心理學、教育學、教授法）
述　　　者	王國維
編 校 者	鄔國義
責任編輯	常利輝
出版發行	中華書局
	（北京市豐臺區太平橋西里 38 號　100073）
	http://www.zhbc.com.cn
	E–mail：zhbc@zhbc.com.cn
印　　　刷	北京瑞古冠中印刷廠
版　　　次	2018 年 8 月北京第 1 版
	2018 年 8 月北京第 1 次印刷
規　　　格	開本/880×1230 毫米　1/32
	印張 7⅜　插頁 5　字數 130 千字
印　　　數	1–3000 册
國際書號	ISBN 978-7-101-13210-6
定　　　價	36.00 元

江蘇師範學堂講授

心理學

教育世界社印行

心理學大意

緒論

第一章　心理學之定義

海寧王國維述

草萌花落鳥飛獸走風雷露之變。山川原隰之別。此皆外界之現象謂之物的現象。觀花而樂聞樂而泣或追懷往事或想像未來。此吾人內界之現象謂之心的現象內界之心的現象亦如外界之物的現象其種類其多不可勝記也。無論何人對外界之現象皆有漠然之知識而排列之擴張之而成一系統是爲物的現象之科學即物理學動植物學等是也無論何人就內界之現象亦莫不有多少之知識而排列之擴張之以成心理現象之科學即心理學是也故心理學者簡而言之可謂研究心的現象之科學也。物的現象其現于外界也必占若干之地間謂之物之廣袤山川之廣袤大細菌之廣袤小。然非全無廣袤者此物的現象之特性也心的現象則不然思慮喜怒哀樂等不

王國維述《心理學》(教育世界社1905年刊印本)封面及正文小影

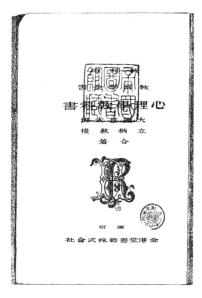

心理學教科書

大瀬甚太郎
立柄教俊 合著

東京
金港堂書籍株式會社

明治三十五年五月十三日印刷
明治三十五年五月十八日發行

不許複製

著作者　大瀬甚太郎　立柄教俊

發行兼印刷者　金港堂書籍株式會社
東京市日本橋區本町三丁目十七番地

右社長　原亮一郎
東京市京橋區因幡町四丁目十四番地

代表者　秀英舍
東京市京橋區弥左衛門町二六七番地

印刷所

賣捌所　各府縣特約販賣所

心理學教科書
定價金六拾錢

大瀬甚太郎、立柄教俊著《心理學教科書》（金港堂，1902）內封及版權頁

教育學

江蘇師範學堂講授

教育學界社印行

教育學

第一篇　緒論

海寧王國維述

第一章　教育之意義

教育之語雖今日一般用之然精密考察其意義者殆希也世人或以教育但限于授算語寫作之知識技能而學校但為授教科之地者或以教育為過於學校施之者皆不知教育之真義者也教育真正之解釋如左曰

教育者成人之所以發冥冥之童子而所施之有意之動作也

從如右之解釋則父母欲其子為賢人時所施之訓戒及教師啓發生徒時之教授皆教育之作用也然無心於教育之作用雖于冥冥之中助冥童之發育不得謂之真正之教育何如因自己之便宜而使役兒童難可因之而得某種之技能然不可謂之教育其兒童也

附言　博士休愛說德國語之哀爾桂亨 Erziehen 即教　之字義如右

一哀爾桂亨有導之向上之義即導兒童之身心使完全其作用以達一定之目的

第一篇　緒論　第一章　教育之意義

一

王國維述《教育學》（教育世界社1905年刊印本）封面及正文小影

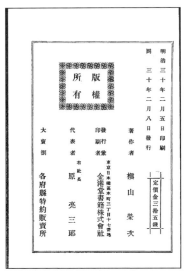

槙山榮次著《新説教育學》(金港堂,1897)內封及版權頁

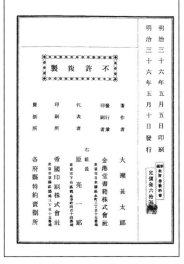

大瀬甚太郎著《新編教育學教科書》(金港堂,1903)內封及版權頁

王國維述《教授法》（教育世界社1905年刊印本）封面及正文小影

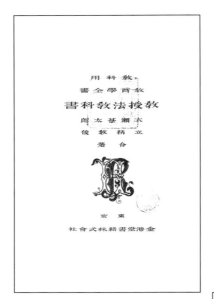

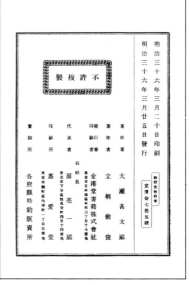

大瀨甚太郎、立柄教俊著《教授法教科書》（金港堂，1903）內封及版權頁

前　　言

　　王國維早期講義三種，包括他早年在江蘇師範學堂時講授的《心理學》《教育學》和《教授法》。

　　在以往有關王國維的著述中，如趙萬里《王靜安先生著述目錄》《王靜安先生年譜》，陳乃乾《王靜庵先生著作目錄》，以及此後歷年出版的多種王氏年譜、傳記中，均未提到王國維有此三種講義。其至包括王氏本人，也從未提及過有此著述。在編纂《王國維全集》的過程中，最先發現了《教育學》講義。根據此講義封底的一則《本報特別告白》，知除《教育學》講義外，王國維同時還編有《心理學》《教授法》兩種講義。但僅知書名，却不知其是否尚存天壤，也不知其藏于何處。在新編的《王國維全集》（浙江教育出版社、廣東教育出版社 2009 年版）中，已收入了《教育學》講義。但其他兩種講義，一直沒有找到，故未免留有遺憾。經筆者多方追蹤尋覓，幾經周折，終于在 2011 年後找到了此兩種文本。現將其與《教育學》編集在一起,名爲《王國維早期講義三種》。

關于這三種講義,其封面分別題"心理學""教育學""教授法",右上有"江蘇師範學堂講授"字樣,左下署"教育世界社印行"①。爲教育世界社鉛印本,書中未署刊印年月。在正文卷端書名之下,均題"海寧王國維述"。檢三種講義的封底,均刊有《本報特別告白》一則:

　　本社去年之報,因社中編纂者有他事故,是以欠至七期之多,無以饜海內閱者之意,深爲歉仄。今年陸續補出,尚欠三期。因尚須辦本年之報,恐補印更遲,爲庚滋甚。今承江蘇師範學堂教習王君,以《心理學》《教育學》《教授法》三種講義之版權見界。此三種皆講求教育者必讀之書,特爲印行,以補三期之報。願海內閱報諸君鑒焉。本社謹白。②

文中所稱"本社"指教育世界社,"江蘇師範學堂教習王君"即王國維。從這一告白來看,由于當時《教育世界》雜誌屢屢脱期,雖已陸續補出,但尚欠三期未出。而王國維"以《心理學》《教育學》《教授法》三種講義之版權見界",考慮到這三種講義

_____

　　① 其中《心理學》講義正文首頁作"心理學大意"(參見前文插圖),此次整理,書名以封面爲定。
　　② 王國維述:《心理學》,教育世界社1905年刊印本,封底。筆者所見,一種下面還載"每冊定價大洋四角半",説明此講義至少印刷出版了兩次以上。

均爲"講求教育者必讀之書"，因此，該社"特爲印行，以補三期之報"。從某種意義上説，這三種講義也可以説是教育世界社的特刊。

據趙萬里《王静安先生年譜》記載，1903 年，"會通州師範學校欲聘心理學、論理學教員，羅先生薦先生往"。1904 年秋，羅振玉被任爲蘇州師範學校監督，"延先生自通州往，主講心理、論理、社會諸學"。①又據羅振玉《海寧王忠慤公傳》説："病癒，乃薦公于南通師範學校，主講哲學、心理、論理諸學。甲辰（1904）秋，予主江蘇師範學校，公乃移講席于蘇州，凡三年。"②結合以上資料，王國維在 1902 年日本留學歸來之後，先是 1903 年由羅振玉推薦至通州師範學校任教，1904 年秋，又至蘇州江蘇師範學堂任職。直至 1906 年春，他才離任北上，任京師學部圖書館編輯。上述三種講義既標明"江蘇師範學堂講授"，三書版式相同，因此，這三種講義應該是同期出版的。《本報特别告白》中又講到"本社去年之報""今年陸續補出""尚須辦本年之報"云云，故可知此三種講義均出版于 1905 年初之後的一段時期，而不出本年。

三種講義均署"海寧王國維述"，王氏自稱是"述"而非撰作，"述"與"作"顯然是有區别的。據筆者考察，這三種講義均

_____

①　趙萬里：《王静安先生年譜》，《國學論叢》第 1 卷第 3 號。
②　羅振玉：《海寧王忠慤公傳》，《王忠慤公哀挽録》，天津羅氏貽安堂 1927 年版，第 3、4 頁。

有其文本來源與所參據的底本,實際上是編譯、譯述性質的作品。《心理學》講義來源于日本大瀨甚太郎、立柄教俊合著的《心理學教科書》(東京金港堂書籍株式會社,1902),《教授法》講義源于大瀨甚太郎、立柄教俊合著的《教授法教科書》(金港堂,1903),《教育學》講義則主要源于槙山榮次著《新説教育學》(金港堂,1897),以及大瀨甚太郎著《新編教育學教科書》(金港堂,1903)第二篇《教育ノ方法》中的部分内容。通過進一步追溯比對,可知以上講義無論是篇章結構、章節目錄,還是章節中的段落、文字、圖表等,其基本内容大體相同,均是依據上述參據的底本删改、編譯而成的。

在近代中國學界,王國維是較早積極譯介西方哲學、美學、心理學、教育學的著名學者之一。王氏譯述、編寫這三種講義,一方面與其在江蘇師範學堂擔任教習有關,同時與他1904年後接手主編《教育世界》直接相聯。在此之前,他在1901年曾翻譯過日本立花銑三郎撰述的《教育學》,藤利喜太郎的《算術條目及教授法》,1902年又翻譯了牧瀨五一郎的《教育學教科書》和元良勇次郎的《心理學》,均先載于《教育世界》雜誌,又刊入《教育叢書》或《哲學叢書》。此期他在通州師範學校、蘇州江蘇師範學堂擔任教習,曾講授心理學、倫理學、社會學等課,出于教學的實際需要,同時也因當時學界缺少這方面的著述,需要借鑒日本有關課程與教材,因此,他採取翻譯加譯述的編寫方式,來編寫授課講義,是很自然的。它説明了青年時代的王國維與當時日本學術的密切聯繫。

　　需要指出的是，王氏的上述三種講義，并不是完全照搬日本原文，而是有所選擇、删改、增添，乃至改寫的部分。爲了便于人們的理解，王國維在譯述時，曾將原文中的一些地點、人物等，轉換成中國人比較熟悉的例子。如大瀨甚太郎、立柄教俊合著的《心理學教科書》第二編《知識》第二章有關《觀念之再生》中，引用了日本鎌倉幕府將軍源賴朝之事，和慶應三年（1867）著名的王政復古事件。王氏在譯文中則變換作："過鉅鹿則思項羽，聞光緒甲午，則思中日之戰。此由二觀念俱在同時或同地，而其一喚起其他者也。"①將其替換作了中國秦漢之際的鉅鹿之戰和清末甲午中日之戰。經過王氏如此處理，甚至看不出其原是翻譯作品。

　　在編譯時，王國維還對原文内容作了不同程度的處理。原書中有些不甚重要或不適合的内容被删去，包括篇後所附"練習問題"等。有些則作了若干删削與精簡，同時根據實際需要，增添了相應的内容。1904年初，清政府頒佈了《奏定學堂章程》，這是中國歷史上第一個正式頒佈并在全國實行的學制。新學制的制定，涉及不同的科目與内容。爲了適應當時教育之需，王氏在講義中，勢必要結合中國教育的實際情況，對原日文本中不盡適合中國的内容、科目等作一些必要的修

---

　　①　王國維述：《心理學》，教育世界社1905年刊印本，第28頁。

改和更動。如大瀨甚太郎、立柄教俊合著的《教授法教科書》第一章《緒論》第二節寫到《小學校之教科》科目，由于中日兩國的具體科目不同，因而王氏在《教授法》講義中，根據《奏定學堂章程》所頒科目，作了相應的更改。將原日語中的“國語”，改成了“讀經、講經、中國文字”，原“日本歷史”改作“本國歷史”，日文本中“英語”科目則改作“外國語”。再如，原日文本第二章《修身科》談到“國民道德”，王氏也根據國情作了相應的改動，講義中指出：“我國之道德，全受儒教之影響，《孝經》《論語》二書，實爲國民道德之根源，而修身教授之所當持以爲標準者也。此外以系統的方法規定國民之道德者，則有聖祖之《聖諭》十六條，及世宗之《廣訓》，亦授修身者之當參考也。”①另外，在講義中也有爲日文本原文所無，而王國維新增的內容。如《教育學》講義中，有關英語“教育”（Education）的解釋，和中文“教育”二字始見于《孟子·盡心篇》及相關的解釋等。此類例子，不一而足。

　　從總體上說，三種講義大部分是翻譯，小部分是譯述、改寫，而王氏採用這種譯述方式，與晚清時期翻譯的主要方法和時代風尚也是相符的。應當說，三種講義署“海寧王國維述”，是有其原因的，也是符合實際的。不過，或許對年輕的王國維來說，并沒有把它們看得很重，因此，後來他本人都未再提及

① 王國維述：《教授法》，教育世界社 1905 年刊印本，第 17 頁。

此事。

　　上述新發現的王氏三種講義,在版本上已十分稀見難得,因其資料彌足珍貴,故現將其整理合刊。這無論對于研究王國維早期的學術活動,還是其教育思想及與日本的關係等,都有着重要的價值與意義。此次整理,即以教育世界社刊印本爲底本,加以標點整理。對原文中的一些錯漏衍誤,并參考上述相關日文原著,或據文意作了校訂,出校勘記予以説明。凡校改之處,誤字加(　)號標識,將改正之字置于其後,并以〔　〕標識。至于有些明顯的錯漏衍脱,如"眼球"誤作"眠球"、"兒童"誤作"兒意"等,則徑爲改正,不出校記。另,書中涉及少數外國人名等的翻譯,前後并不統一,姑仍其舊,以保持原貌。

　　希望三種早期講義的出版,能對王國維研究起到積極的推動作用。

　　　　　　　　　　　　　　　　　鄔國義
　　　　　　　　　　　　二〇一八年春于華東師範大學

目　錄

教　育　學
海寧王國維述

教　授　法

海寧王國維述

心　理　學

海寧王國維述

緒　論

第一章　心理學之定義

　　草萌花落，鳥飛獸走，風雨雷霆之變，山川原隰之別，此皆外界之現象，謂之物的現象。觀花而樂，聞樂而泣，或追懷往事，或想像未來，此吾人內界之現象，謂之心的現象。內界之心的現象，亦如外界之物的現象，其種類甚多，不可勝記也。

　　無論何人，對外界之現象，皆有漠然之知識，而排列之擴張之而成一系統，是爲物的現象之科學，即物理學、動植物學等是也。無論何人，就內界之現象，亦莫不有多少之知識，而排列之擴張之以成一系統，則爲心理現象之科學，即心理學是也。故心理學者，簡而言之，可謂研究心的現象之科學也。

物的現象，其現于外界也，必占若干之地，空間。謂之物之
廣袤。山川之廣袤大，細菌之廣袤小，然非全無廣袤者，此物
的現象之特性也。心的現象則不然，思慮、喜怒哀樂等，不能
謂之有若干之廣袤，所謂大膽細心，特寓言耳。然則心的現象
之特性如何？曰以其有意識也。意識最單一，而不能下明晰
之定義。今以例喻之。今有人于此中風卒倒，他人喚之而不
聞，以水注其前額而不覺，手足塊然不動。當此時，彼全無意
識也。既而醫來治之，彼始張目而視周圍之人物，問其所以
然，而謝人之厚意，自起而飲水。則彼于此時，已恢復其意識，
此意識即心的現象之特性也。

物的現象，獨立而存于外界，由五官及心之介紹而間接知
之者也。心的現象，則心自身之作用，而吾人直接知之。故物
的現象之科學，乃間接經驗之科學；心的現象之科學，直接經
驗之科學也。

第二章 心理學之研究法

物理學、化學等，必觀察外界之事物，或施實驗而研究
之。然心理學之所研究者，存于人之內界，故各人當先就
自己之內界研究之。而以他人亦同有此內界之作用，故就
他人之心狀而研究之，亦不可缺者也。故心理學之研究

法,有研究自己之心狀之主觀法,及研究他人之心狀之客觀法二種。

一、主觀法。又名內省法。記憶與判斷,果何物乎? 忿怒及同情,欲望及決斷之作用如何? 必徵之自己之經驗,然後知之,此外別無知之之法。若全無同情者,吾人不能對之而說明同情之爲何物。故省察吾人自己之心狀,爲心理學之入門。就物理學、化學之研究,自觀察外界之事物始也。而於省察内界時,被省察者心意,而省察之者亦心意也,故較之外界之觀察更難。又主觀法人人以自己爲標準,故往往誤以一人所特有者,爲衆人所公有。且心之激于情欲時,或罹精神病時,全不能据以爲研究之材料,故不得不兼用客觀法。

二、客觀法。此方法分爲觀察法及實驗法二種。

(甲) 觀察法。吾人忿怒時,聲音顏色,必有異狀。若見他人有此異狀,則知其人亦必忿怒。吾人如此,得觀察他人之心狀。而觀察法非特可就他人而直接行之,又得由傳記、小説等而間接行之者也。

(乙) 實驗法。此近來應用之一種客觀法,即心理學者就心的現象而施實驗,與物理學者之就外物而施實驗也同。例如以器械試重量能感覺之最小限如何,或二重量之差人所能辨別之最小限幾何是也。行實驗時,多用種種之器械,而其要生理學之知識,特要神經系統之知識勿論也。

第三章　心理學之分派

　　研究成人之心的現象者，謂之普通心理學，亦單謂之曰心理學。而研究特別之心的現象者，謂之特別心理學。其中種類頗多，今舉其重要者。如兒童心理學，研究兒童之心狀；動物心理學，研究動物之心狀；病人心理學，研究病人之心狀；民族心理學，研究人類所成之團體之心狀者也。

　　實驗心理學，謂依實驗法之心理學，又謂之精神物理學。殊如由生理上研究心的現象者，謂之生理的心理學。

第一篇　心的現象泛論

第一章　心身之關係

心意與身體，密相關係者也。今先自心意之狀況，所及于身體上之影響觀之，則人之思慮也，其態度平靜，其喜怒哀樂也，發于顏色。心情之憂鬱者，其動作亦遲滯，其快樂也，動作活潑。更就身體之狀況及于心意上之影響觀之：則由腦量之多少，而生智愚之別；由五官之缺點，而心意之發達不完全；由體質之差異，而心性亦異。健康增心意之作用，病患減之。由是觀之，可知心身二者之關係之如何密接也。

而心身之關係，本乎神經系統與心意作用之關係，今略述之如左。

大腦在頭顱之中，爲二半球。末梢神經十二對，自此出而散布于頭部及顏面，而大腦之後下部，有小腦，又有延髓，腦橋。

以連結小腦及大腦。延髓又與脊骨中之脊髓連接，脊髓兩旁
又有末梢神經三十一對，自此出而分布身體四肢。以上總稱
之曰腦脊髓神經系統。

此外脊髓之兩旁，有數神經節并列，神經自此出而分布于
內臟，謂之交感神經。

組織一切神經系統之物質有二種，一灰白質，一白質也。
灰白質大抵自細胞成，白質大抵自纖維成，細胞略爲圓形，而
纖維稍細長。於延髓脊髓及末梢神經中，白質在外，而灰白質
在內。於大腦及小腦中，白質在內，而灰白質在外。白質所以
營作用，灰白質所以傳達之者也。

大腦者，乃營知覺、思慮、好惡、決斷等一切心意作用之最
要之機關也。末梢神經或直與之聯絡，或經脊髓及延髓而與
之聯絡。末梢神經之官能，在傳外部之刺激于腦，又傳腦之命
令于身體，故末梢神經之作用，一向心的，一離心的也。前者
感神經之所司，後者動神經之所司也。而此二種神經，在脊髓
神經中各相聯絡，在腦神經中則或合或分。

小腦，節制筋肉運動之中心機關也。一切有意運動中，必
須有小腦，以爲大腦之補助。延髓不但爲傳達之作用，亦調整
呼吸、循環、咽下諸作用之機關也。脊髓亦有受外部之刺激，
不傳諸腦而自爲中心，以生運動，如睡眠中苦熱而手足不知不
識自動是也，謂之反射運動。又於神經氣力充滿，有別無外部
之刺激，而自起運動者，如小兒、猫犬之氣力壯快時，屢動其手

足而游戲,謂之自發運動。

交感神經以内臟所起之變化,傳之腦脊髓神經,而使心意受其影響。又以腦中所起之變化傳之于内臟,而使内臟與心意之間生密接之關係者也。

以上略説生意作用全自神經系統營之之狀。然不能斷言心意作用,即爲神經系統自己之所生,吾人所知者,唯身心之作用互相并行,而健全之身體,爲健全之精神之第一要件。此外就身心二者之孰爲根本,則不能臆斷也。

第二章　心的現象之分類

心意不能分之爲數部,故不能如外物之分爲各部分而研究之,而必研究其全體之作用。然因説明之便利,自以分類爲要也。

人之始生也,就外物無一毫之知識,外物皆由耳目等之門户入,而心始受之,謂之曰直觀,例如觀梅花而知其形狀、色彩是也。而其所直觀者非即消失,以後得再生于心,謂之觀念,即如前所觀之梅花,今得思及之是也。認此直觀或觀念之關係,謂之思考,例如觀梅花及桃花而認其形色之差,就長江與黄河之觀念而比較其異同之點。而其所思考者亦爲觀念,即梅花與桃花之形之差,及黄河與長江之異同,亦得爲觀念而保存之。蓋思考者，人之高尚之作用，而其所以能推事物之理者，全由于此。以上直觀思考等，乃吾人知物之現象，謂之曰知識，或但曰知。

吾人非但知事物而已，又就種種之事物而感快不快者也，如視聽、飲食時之感愉快或不愉快是也。一切自五官上起者，謂之曰感應，又曰五官的感情。又如恐怖、愛情、同情等，由自己或他人之利害之觀念而起者，謂之曰情緒。其較此二者更高尚，而離利害之關係，但就物之自身而生快不快之感者，謂之曰情操，例如尊道德、好知識、愛美術之情是也。以上感應、情緒、情操，乃吾人感之現象，謂之曰感情，或但謂之情。

折花、出門、讀書等之行爲，皆由吾人之所欲而起也。而吾人不但欲向外界而爲某事，又欲使吾心向某方向，如解數學之問題時，心不他向，而專注于一方，謂之曰注意。無注意則吾人不能自由指導吾心，如此吾人之自發動而向外界及內界有所欲者，謂之曰意志，或但謂之曰意。

如上所述，吾心知感且欲者也，即有知、情、意之現象者也，此三者心之根本作用。然吾人之心意，非自此三部分成立，乃不可分割之一全體，而爲此三種之作用，易言以明之，即心有知、情、意之三相也。

心有三相，而此三者常相支相助，決無其一相獨現之事，例（爲）〔如〕〔一〕觀物爲知之作用。然亦須注意，又同時就其物而生快不快之情,此心之現象所以極複雜也。然三者各爲特別之作用,故一方盛,則他方準之而弱。例如感情甚激時,知與意之作用弱。如遭意外之不幸,而大感苦痛者,無分別決斷之力。知及意之作用盛時亦然。

第三章　心意之發達

比較大人與小兒之心意作用,則其間大有逕庭,即大人之心意作用,複雜完全且緻密,此由其心意之既發達故也。

心意之發達之要質,凡有四種。夫吾人生而知感且欲者也,此人人所同而非自外鑠者,謂之心之根本性能。各人雖同此根本性能,而其動也,則各取特別之方向。或長于繪畫,或嗜音樂,此自父母遺傳者,謂之遺傳性質。此二者皆非自生後得之于外部者,而存于性之內部,故謂之曰內部要質。而外界之自然物,即山川風土、動植物等,以影響與吾人之心意者不小。又影響之受諸父母、兄弟、朋友及一切人間社會者亦大。前者謂之自然的環象,後者謂之社會的環象。二者皆外部要質,所謂經驗與教育之效,全存于此也。

今以表示心意之發達之四要質如左。心意由此等要質而發達,而此等要質於各人無相同者,故《傳》曰"人心之不同,如其面"也。

　　心意之發達，由他方面觀之，則腦之發達也。腦之量自初生至七歲間，其增甚速，自七歲至十四歲稍緩，至二十歲而止。故五六歲所視爲難解者，至八九歲而易解，自然之勢也。況又有外部之要質加之乎？

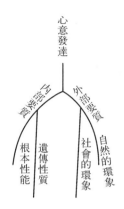

　　心意之由諸要質而發達也，由其年齡，而某種特別之作用最盛。今分自初生至二十四歲之心意發達爲三段，如左。

　　第一段乳兒期及兒童期。人之初生也，其生活以身體爲主，心意之作用僅露其萌芽耳。故此際主由本能及反射作用，統轄其生活。然至生齒及學步也，直觀思考諸作用已漸發達。自二歲至六七歲，直觀作用最盛之時代也。又此際乏確實之觀念，恣想像，好游戲，感情以五官的感情爲主，行爲亦不律于一定之主義。要之，此時代兒童全爲外物所制而不能獨立，謂之家庭及幼稚園時代。

　　第二段幼年期。自六七歲至十四五歲，身體生活力之盛與前期無異，然心意之諸作用悉現。至此期之終，知、情、意皆達高尚之階段。然以記憶之力爲最盛，而適于得器械的技能及習慣，如國語于此期中已達完全之域，謂之小學校時代。

　　第三段少年期。自十四五歲至二十四五歲，思考之作用

全著,愛道德、知識及美妙之情亦大發達。又從一定之主義,
以律其行爲。又直觀記憶、想像等,得高尚之心意作用之後
援,愈益確實。至此人始不被制于外物,而立于外物之上,始
達自由獨立之位置,謂之中等及高等教育時代。

校勘記:

〔一〕據大瀨甚太郎、立柄教俊著《心理學教科書》(金港堂 1902 年版,以
下簡稱日文本)改。

第二篇　知　　識

心意之三相交錯而起，不能定其孰爲根本，孰爲後起也。故於心理學之説明，欲定從何處説起甚難。然以先説知識，次及于感情及意志爲最便也。而説明知識時，當從直觀、觀念、思考之次序。

第一章　直　　觀

吾人聞一音，不知其音由自身起乎，抑由外物來乎？而唯知有音，謂之感覺此音。然知此音自外物來，或更詳知其自鐘來，則此感覺進而爲知覺。所謂直觀經感覺與知覺之二階段而成立者也。

第一節　視　　覺

自物體反射之光綫，由瞳孔入而達于眼底之網膜，此膜中之視神經末梢受其刺激，而傳之于腦。此際所生之感覺，名之曰視覺。

網膜之中央有名黃點者，物像投于此處則最明晰。又有筋肉三對被于眼球，使之上下左右乃斜轉，以使其所視之物投于黃點者也。

視覺有光覺、色覺二種。日昇于天，則覺光明。無月之夜，則覺暗黑。晝夜交代之際，則覺朦朧。謂之光覺。此不由色而由光之強弱所生之感覺也。其最強度爲白，最弱度爲黑，其中間灰色也。又如赤、黃、青等種種之色者，色覺也。色通常分爲赤、橙、黃、綠、青、紺、紫七種，如虹中所見，然由種種之配合法，得生無數之色。

各種之色因混白之多少，而生濃淡之別，謂之色之飽和之度。又合七色，則成白色。即以三棱玻璃分解日光，則現七色，合之又成白色。如虹霓者，實日光之因雨滴而分解者也。混橙色與青色，混黃色與紺色，則皆爲白色。此際其一色，謂之他色之餘色。

久視某物，則雖去此物後，其影猶留于眼中，謂之遺像。例如見某花，閉眼，則其形色之美猶留于眼中是也。此遺像有時以其物之餘色現。例如久視赤色之太陽，回向壁上，則生綠色之太陽。又有人不能分別一切顏色，或不能見一二顏色者，此不見之色，視之唯灰色，所謂色盲者是也。

林特捏爾曰："視覺于一切感覺中，殆擔任其十分之九，而由光及色所生之快樂，人生之一大幸福也。"美術如繪畫、雕刻等，唯由視覺知之，則視覺之練習決不可忽也。

欲使視覺完全發達，有不可不注意者。兒童之初生數月間，眼之機關猶軟弱，決不可使觸强烈之光綫及色彩，又不可使居明暗不適當之處。又于學校時代，几椅之于身長若不相應，或讀太細之文字及久用視力，則變爲近視者不少。要之，視力本來不完全者甚少，由不注意而損其視力者，實十倍之也。

第二節　聽　　覺

外物激動，則空氣爲之振動，而此振動入于耳孔時，鼓膜受之，亦自振動。而其振動由中耳之內壁，與其中之聽骨，傳諸內耳。內耳中有聽液及聽石，受此振動，而傳之于散布此間之聽神經之末梢，以使腦中生一種之感覺，此即音之感覺也。

琴弦自一尺之處彈之，或自二尺之處彈之，則前者音高而後者音低也。是前者所起振動之浪之長短較後者短，又于一定時間中，其振動數多故也。故音之高低，關于聲浪之長短，又關于振動數之多少。而有某弦，其彈之之力强，則其離靜止之位置，而振動之距離大，彈之之力弱，則其距離小。振動之距離之大小，謂之振幅之大小。故同質同長之弦，由彈之之力之强弱，而其振幅有大小，振幅之大小即音之强弱也。又音之高低强弱雖同，然由其所發之物而各自特別之質，即金石絲竹，其音各異，謂之音色。於音階中，自基音甲經乙、丙、丁、戊、己、庚,而更到呷,則呷之振動數正倍于基音甲,此呷謂之甲之奧克塔夫。奧克塔夫,第八音之意也。但有指自一至一之八音爲奧克塔夫者。而人耳所能聽之音,在自一秒十六振至一秒三萬八千振之間,其較此少或多者,人耳不能聽之。音樂大抵以一秒四五百振者定爲基音,自此而算第一奧克塔夫,第二奧克塔夫等。

樂音謂種種之音,從規律而互相調和,使人聽之而愉快者。其音之無規律而使人不快者,謂之噪音。又人之以音發表其思想感情者,謂之分節音。

人類往往轉首于音來之方向,以助其聽覺。然動物以能轉其耳故,其聽覺極鋭敏也。人類太古時亦曾能轉其耳,後漸固定云。

音爲得外界知識時所不可缺,固不待論。又自言語上觀之,更重要也。缺視覺而亦有非常之知識者,此全由聽覺之力。且聽音之事,又爲人類幸福之一大源泉,如詩歌、音樂等美術,唯由聽覺知之。故聽覺之練習,不可不與視覺并重也。

兒童之耳不潔,則有害于聽覺。又去耳垢時,不可用鋭利之物,傷其鼓膜。就言語當使精密聽取之,勿使相近之音相混,又當用音樂練習其聽覺。

第三節　觸覺及筋覺

觸覺者,乃分布全身之皮膚之觸神經,觸于外物,而傳其刺激于腦時所生之感覺也。全身之皮膚中,以唇、舌、指頭之觸神經爲最多，故感覺極銳。

固有之觸覺，受動的也。凡有三種：（一）不自用力而但應外物之器械的刺激者，謂之壓迫之感。（二）皮膚若有二個以上之壓迫點，則得分別認之。若用鉗以試驗之于身體各部，則舌最銳敏，得區別一密里邁當之距離。唇與指頭次之。如脊之中央，不至六十八密里邁當，不能感二點爲二點。是感身體各部之位置者，故謂之部位之感。（三）觸覺能感寒暖，謂之温涼之感。

筋覺者，筋肉發動而加力于外物時所生之感覺也。視、聽、觸等，皆對感外物而處受動之位置。然筋覺則能動的也，此筋覺之所以與他感覺異者也。

筋覺有因動手足而感者，有因止其動而感者。前者謂之運動之感，後者謂之抵抗之感。物之堅軟、輕重等，由運動及抵抗之感與觸覺相合而生者也。即物之堅者，欲破之也，其所遇之抵抗之力强，故所要筋肉之力多，其運動不得不大。此等亦謂之能動的觸覺。一切觸覺，得筋覺之補助，則得完全發達。即自進而觸外物，較之對外物處受動之位置時，其效甚多。例如以手摩擦物，則比物之偶然觸體時大爲精密。且筋覺能使眼球運動，使頭迴轉，以助視覺、聽覺。而筋覺所以優于他感覺者，以其足以正他感覺之誤也。例如以眼視物，不知其真存在否，以手試之，自能了然。

外物之知識，由觸覺及筋覺得之者甚多。又手技如使用刀筆、縫針等，亦全賴此。又觸覺恐胎兒之所既有也，故其生也，觸外氣之寒冷及周圍之物之堅硬而號泣，頻動其口唇、手足而不已。其始不過反射作用，然漸聯合身體各部而運動，遂爲視覺、聽覺等聯合。此種感覺能練習之，則能非常發達。如盲人大抵以觸覺與筋覺，補視覺之官能者也。

以上視覺、聽覺、觸覺及筋覺，于人之知識上有重大之關係，故謂之曰知識上之感官。

第四節　味覺及嗅覺

某物體爲流質而刺激舌之味神經之末端，則其刺激傳于腦，生一種之感覺，即味覺。

味覺所以辨別甘酸苦辛鹹，而有與嗅覺聯合而感香味者，有與觸覺聯合而感有水氣之味、有脂氣之味者。

嗅覺者，乃某物體所發之氣體，觸鼻腔內面之嗅神經，而傳其刺激于腦者也。

味覺及嗅覺，非爲他感官，但爲物理上之作用，而又爲化學上之作用，故兩者又謂之化學的感官。

味覺、嗅覺雖亦與人以外物之知識，然比之視、聽、觸等，其用甚劣。然就其對身體之生活言之，則更要于他感覺。蓋口與鼻爲身體內部之門户，而辨別有益者與有害者，但使有益者得入身體之內部者也。故此二感覺若完全發達，則人間之活力自增，疾病自減。又下等動物及野蠻人之味嗅二覺，所以尤鋭敏者，所以補優等感覺之欠缺也。但此二者但關係于身體之快不快，而不關於知識、美術等高尚之事，故又稱曰劣等感覺。

味覺兒童生後即現者也，與以甘味，則有好之之色；與以苦味，則有惡之之色。嗅覺亦然，如置臭氣于兒童之鼻下，亦知惡之故也。然爲精密之作用，則屬稍後之事。故小兒有飲黃連水而不變色者，足以證其感覺之遲鈍也。

于理科教授中，可練習味嗅二覺之處不少，即辨別花木、藥物、礦物等之香味是也。

第五節　有 機 感 覺

以上諸感覺，皆使吾人知外物者也。又有使吾人知自己身體之狀態之何若者，如身體之營養充足時，或飲食物欠乏時，所起之感覺是也。謂之有機感覺，又謂之體覺。此由分布于身體各機關之神經，感覺各機關自己之狀況者也。

有機感覺雖關于全體，然於筋肉、胃腸、心肺、血管及神經中感之爲最著。而表出此等感覺之名稱，甚不完全。除飢渴、飽漲古代慣用之語外，殆不能以言語區別之，唯各人于自己之經驗上，知其有種種之特色耳。又自有機感覺之通和而生關全身之感覺，名之曰氣分。

有機感覺所以異于他感覺者，在其不能除去喚起感覺之原因也。即閉眼則自不見色，塞耳則自不聞聲。然有機感覺之原因，即我身體，故欲不感之而不能。由此觀之，則有機感覺更與吾人之關係，較他感覺更密也。又其內容之少，部位之漠然，又有苦樂之情伴之，皆其特性也。

有機感覺使吾人時時知其生活狀態之如何，故可謂生活作用之風雨表。而吾人之知自己之身體，由于此感覺爲多。何則？有機感覺之所告，皆起于吾身體者故也。

初生兒既有有機感覺，飢渴、飽滿等，各于身體上現特別之相貌，此與味覺、嗅覺，皆身體之生活上所不可缺，故其作用最早。初生兒之心理的生活，殆爲此感覺所獨占。然因高等感覺之發達，此感覺亦爲之稍減。例如聞音樂而止哺乳，耽游戲而忘身上不快之感覺是也。教育者亦不可不順此感覺而教之，天氣陰濕之際，兒童之注意不如平日，此由其氣分之不善也。又涵養德性時，亦不可不順其氣分。

第六節　感覺概論

由以上所說觀之，感覺者，某種之刺激，由感官而加于感神經之末梢，故神經興奮，而生一種之運動，而其運動傳諸腦時所生心意之作用也。夫自外物來者，如定質或流質之壓迫或衝突，或如空氣以脱之振動等，皆不過種種之運動。而感官及神經中所起之興奮，亦一種之運動也。此等運動或爲物理的，或爲化學的，亦一種物的現象耳，非感覺自身也。必以此種運動傳之于腦，於是始有感覺，此則心意之作用也。鐘之聲、薔薇之香、樹木之色彩等，不存于外界，不存于感官，而獨生于腦中心意之作用。由通俗之語言之，若聲音等既存于外界，而感官受之，然其實外界只有物的現象之運動耳，而視之爲聲色、香味等，則我心意之所爲也。

　　感覺往往依眼、耳、鼻、舌、皮膚而分之爲五種。然由今日之研究，則當加以筋覺及有機感覺。要之，感覺之種類與刺激之種類相應。例如應光而有視覺，應音而有聽覺是也。而受各種刺激之神經各不相同，眼之神經不能聽，而耳之神經不能視，因特別之神經，受特別之刺激，而生感覺之內容性質者也。又若以左手入熱于體溫之水，以右手入冷于體溫之水，然後同時以兩手入于與體溫相等之水，則左手覺涼，右手覺熱。故感覺之性質，不全由于一時之刺激，而又與以前之刺激相關者也。

　　感覺有種種之分量，即強度，此與刺激之強度相應者也。例如舉二百斤物時之感覺，強于舉百斤時之感覺是也。然刺激極微，則不生感覺，唯達一定之度時，始生感覺者也。此度謂之刺激之閾，刺激愈增則感覺亦增其強度。然所增之刺激甚微，則亦不足以增感覺之強度。必增一程度之刺激，始足以增之。此程度謂之最小可知的差別。又漸增其刺激，遂至不能增其感覺，謂之刺激之頂點。而感覺之增加率，比刺激之增加率常緩。据范白爾、翻希奈爾等之研究，刺激以等比級數一、二、四、八、一六……增時，則覺感以等差級數一、二、三、四、五……增云云。

　　感覺常隨以快不快之感情者也，即視聽觸等一切感覺，一面知外物，一面又喚起快不快之感情。然一知之作用，一情之作用，故二者相異。重言以明之，感覺非感情之原因，又感情非感覺之一種類，二者各有特別之性質者也。

<h2 style="text-align:center">第七節　知　　覺</h2>

如前所述，但漠然聞一種之音時，此感覺也。若知其自外物來，或更確知其自鐘來，則感覺進而爲知覺。於睡眠中時或但有音與熱之感覺，而不明其來自何處，然醒覺中則往往知其由某物起。兒生數週間，已注目于其前之光色，若遠其光，則亦追而視之，此知覺之萌芽也。

吾人感覺鐘之形質、音色等，而此等感覺相合而成鐘之各要件。今聞一種之音，則向所感覺之音再現，而與今之所感覺者結合，而知此音由某形某質某色之鐘出。由是觀之，則知覺比之感覺更複雜，而含再現的元質。又須目下之感覺與過去之感覺結合，故頗含思考之原質者也。

故知覺者，知感覺屬于某外物之作用也，而感覺進而爲知覺，則得外物之直觀。

于知覺上之所最要者，爲觸覺、筋覺及視覺，聽覺次之，味覺、嗅覺又次之。

觸覺中之部位覺，能區別觸身體之二點者爲二點。又手足之筋肉，自一點移于他點時，則能感其間要若干之力者也。故部位覺與筋覺，知覺廣袤時必要之感覺也。例如欲知一平面形，當（一）先以指沿種種之方向，而加諸其上，以試其運動之繼續如何。（二）又以指沿其平面形之界綫，以知各邊之運動方向同一否，及其運動之方向如何，邊角之方向之變更如何。（三）開掌而掩其平面形，依部位覺而知其邊緣之所在，若欲知立體之大小形狀，則當以兩手把其物，如此則得知物之形狀大小。又依觸覺及筋覺，則可知物之堅軟、冷熱、粗滑、輕重等。此等皆外物重要之性質，故此二覺，于知覺外物時最重要者也。

眼之網膜中亦有部位覺，以知映于網膜之物之各部之位置。又欲明知外物之各部，而使次第投于黃點時，眼之筋肉必爲生若干之運動，於是生眼之筋肉運動之感覺，與網膜之部位覺互相聯合，而吾人始知外物之廣袤，即其形狀大小等。然必待觸覺與筋覺之助，始得完全知覺之。如盲人者，不由視覺而全由觸覺及筋覺，以知外物之形狀者也。

眼但知平面形，而知物之爲立體時，則觸覺及筋覺之力也。即眼但直接知物之長短與闊狹，而厚薄則由觸覺與筋覺之助，而間接知之者也。而眼所以能間接知立體之厚薄，及吾人對某物之距離者，其故如下：（一）眼球從物之遠近，而變其凸凹之度，而于網膜上結其印象，謂之眼之節制。（二）以兩眼視一點時，若自兩眼迄此點引二直綫，則此二直綫至此點交叉而成某角度。而其交叉角視遠物時小，視近物時大也，謂之兩眼軸之輻湊之度。（三）凡一定之物體，遠視之則小，近視之則大。又由其物之遠近，而陰影有明暗之差。由以上各事，故觸覺與筋覺所以得直知之距離者，視覺亦得間接知之也。

聽覺與頭之運動相合,而知音之方向及遠近,又得由音之大小,而推其距離。然其輸入外物之知識,遠不如觸覺、筋覺、視覺,至味覺以下,更不如聽覺遠矣。

幻影者,謬誤之知覺,即心意健全者亦所不能免也。如吾人對一繪畫而視平面爲立體,又視數點綫爲山水、草木等,皆其例也。

以自己之眼,研究植物、礦物,比之讀書中所載者,其價值甚大。歌美尼斯曰:"何故吾人不棄死書籍,而翻自然之活書籍乎?"蓋人間之真知識皆自直觀來者也。此理久不明于世,東西各國皆以讀書爲教育之唯一手段,及至近世,教育家輩出,始唱直觀教授之必要。至攀斯德禄奇,以直觀爲一切知識之基礎,曰:"一切教授之第一步,不可不用直觀法。"則與幼兒以種種之玩具,示以室内之各物,又携至野外,使觀鳥獸草木,實教授上所必要。而弗蘭培爾之幼稚園,實本此理而作者也。

第二章　觀　　念

第一節　概　　論

吾人直觀事物,其後此物雖不存在時,亦得使此物浮于心中。又素所思考、感動、決斷者,其時過去後,亦得浮于心中。

凡此等原因既去後，而其事物之肖像留于心意者，謂之曰
觀念。

則觀念者，由一切外界之直觀及内界之心意作用得之者
也。例如人獸、草木、忠孝、苦樂等是也。而其保持之也，必以
言語，故無名稱之觀念，保持之極難也。

薔薇之觀念，乃圓形、赤色、多瓣、香氣等許多觀念集合而
成者也。此際薔薇謂之全體觀念，而圓形、赤色等謂之部分觀
念。於人類知識之發達中，先得全體觀念，次分解之而得部分
觀念。非有部分觀念，不可謂之明晰之知識也。

觀念雖不如直觀之鮮明活潑，然使吾人之心意生活不限
于現在，而擴于過去、未來者也。若使原因既去，而事物即行
消失，則吾人之精神生活每時而終，每日而一新。如此則人生
無過去之歷史，無未來之企圖，與動物無異。故觀念者爲一切
廣大精神作用之基礎，而堅固之思考亦築于其上者也。

于教育中當使兒童得正當之觀念，而使彼等之心意超越于
現在之上。蓋人之精神先于直觀得確實之基礎，而漸進于觀念，
則教授亦當依自直觀而觀念，自全體觀念而部分觀念之次序。
凡欲使兒〔童〕〔一〕得正當之觀念，當詳檢彼等所既有之觀念，而
據以上之次序以正之或補之。不然，則決不能奏其效也。

觀念中有再生及類化之二作用，而再生中又有記憶、不變
化之再生。想像變化之再生。二種。又有不規則的再生，如夢及幻
想，當略述于下。

第二節　觀念之再生

　　吾人閑居冥想時,則曾游之山水、在遠方之友人等種種之觀念,交浮于心面。此種前日之觀念之復歸,謂之觀念之再生。

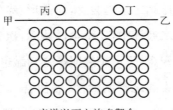

意識以上之觀念

意識以下之許多觀念

　　蓋吾人雖有許多之觀念,然非皆常浮于心面,而只有一二觀念交互入于意識。茲以圖示之如上。甲、乙謂之意識之閾,在其上之觀念丙、丁,吾人之所意識者也。此外許多之觀念,皆沉于此綫下。如此浮于意識者之被制限,謂之意識之狹窄,而種種之觀念,交換而現于此狹窄界內。汗德曰:"吾人之精神,如點一燈之寶藏,其光但照一二寶物耳。"然觀念非真于心中占圖上所示之位置者,其實觀念于其復歸時,更生出者也。

　　前所直觀者,後又直觀之,別再生前所直觀時之觀念,謂之曰再認。若不更直觀之,而使以前之觀念復歸,則謂之曰純粹再生。不能純粹再生,則外物尚未足爲知識也。

以我之意志，自由喚起某觀念者，謂之隨意再生。又不依意識而喚起，或反于意識而喚起者，謂之不隨意再生。不至隨意再生，則觀念尚未足謂爲我之所有也。

曾感興味之事物之觀念，閑居之際，自由思出者，謂之直接再生。有一觀念時，他觀念亦隨之而再生，謂之間接再生。間接再生，從觀念聯合之法則者也。

觀念聯合之法則，通例分爲左四種：

一、同時律（又名俱在律）。過鉅鹿則思項羽，聞光緒甲午，則思中日之戰。此由二觀念俱在同時或同地，而其一喚起其他者也。

二、順次律（又名繼起律）。從時日之次序，而説旅行中之事。又誦詩歌時，唱第一句，則其次句衝口而出。此由許多之觀念，順次序而排列，而由前者以喚起後者也。

三、類似律。觀落花之繽紛，則思降雪。讀成吉思汗之遺事，則想起拿破侖。此由相似之觀念互相喚起也。

四、反對律。貧與富，貴與賤，正邪、白黑、長短等反對之觀念，亦互相喚起。

以上前二律，由觀念之時間上、空間上之關係而器械的連結者也，并稱之曰接近律。後二律本于觀念內部之性質，而於名學上連結之者也。而反對律非全然反對，必于某點有一致之處，例如善惡皆對行爲而言，白黑皆對色而言，故此律得統于類似律之下。

　　類似律乃由類似之諸觀念，共存于意識而起者也，故得攝
諸接近律之下。然則以上四律，得約爲接近律之一。

　　如何而得使觀念之再生容易且確實乎？曰（一）當有强
烈之直觀，而直觀不完全時，當使再觀察事物。（二）有興味
者，後日容易喚起之。故對新教材當與以活潑之興味。
（三）使觀念之連結正當且複雜，即從觀念聯合之法則，而由
種種之方面聯合種種之事物，而使一切教科上所授之事互相
聯絡。（四）當以種種方法練習反復之。蓋觀念之外部的連
結，其用甚大，故反復練習實精確之母也。而反復當於觀念未
消滅時爲之，至要復習時，則已遲矣。

第三節　類　　化

　　始見狐者，知覺之而得狐之新直觀，同時吾人所既有之犬
之觀念再生，而由二者類似之點，使狐之新直觀與犬之舊觀念
結合，則狐之新直觀益明且確。如此新觀念或直觀之融合于
既有觀念之系列中者，名之曰類化。

　　知覺受納新知識，類化由既有觀念之補助，而造作新知識
者也。則吾人之得新知識，不但由耳目，又以舊觀念爲内部之
眼，而收得之者也。詳言之，則幼兒但由知覺而得知識，及其
積經驗既多，則得更由他眼類化。而得知識。

　　見狐而由犬之觀念以類化之，即以再生觀念類化直觀，謂
之曰外部類化。若兩者皆既有之觀念，而不關于外部之知覺，

即舊觀念與舊觀念互相類化者，謂之曰內部類化。要之，舊觀念之力大抵强于新觀念，諺所謂“先入爲主”是也。然新觀念亦以影響加于舊觀念之上，而次第改造之。如哥倫布西方大陸之説，始不爲人所信，終感動依薩培拉女王是也。

類化者，使知識得秩序，又使之明確者也。一切學習及理解皆依類化之力，如言語及圖畫，不過示其符號，欲理會之，全由于既有觀念之類化。海爾巴德曰：“學習之最大部，在理會言語。”即知使學童由其所既蓄之精神的貯藏物，而理會言語之意味，蓋謂此也。

教授時當精查兒童之觀念界，而常使依舊觀念以類化新觀念。何則？全新奇之事不入于兒童之頭腦，而向之喃喃，是猶向聾者説法耳。故教授上最大之原則，曰“自已知進于未知”，曰“自近而及遠”。若能實行此等原則，則兒童之自以前之經驗及教授所得之觀念團，而牽引新事物。恰如磁石，其觀念愈有力，愈豐富，則兒童之把捉愈容易，愈確實。則教授者能利用類化之作用，則能使學習容易而有興味，又得維持其注意者也。

第四節　記　　憶

記憶者，觀念再生之一種，即保持既得之觀念，使不變化而喚起之于意識之作用也。記憶之善良者，（一）把捉之容易，即用力少而能使種種之事項保持于心中；（二）保持之永久；（三）再生之真實且神速；（四）不偏于一二事，而能記憶種種之事項。然具以上諸點者甚少。某人雖易于把捉，而不能永續。又有對某事項易于記憶，而對他事則記憶力甚乏者。

　　暗記文字及植物之名目等，但依接近律者，謂之器械的記憶。記憶數學問題之解法，或由地勢、風土之關係，而記憶物產，乃由事物之性質關係而記憶者，謂之理解的記憶。又當記憶數量、地名、人名條目等時，不能求其理由。又難用器械的記憶者，則利用補助觀念，以便于記憶，謂之人工的記憶。例如德國文豪蘭馨、格代、希爾列爾之生年，爲 1729、1749、1759，則以 17…9 爲補助觀念，而但記 2、4、5 是也。所謂記憶法，皆屬此種。理解的記憶于教育上爲最要，然亦不可不用器械的記憶法。至人工的記憶，則僅可相機而利用之耳。

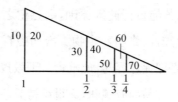

　　記憶力幼年最盛，至老而漸衰。如上圖所示，自十歲至二十歲之間，爲一生記憶力之最高度。自三十歲至四十歲，當其二分之一。自五十歲至六十歲間，當其四分之一。但此就大體言之，非謂人人悉如是也。若練習得宜，而使用不過其度，則至老年而尚有活潑之記憶力也。

　　人若無記憶力，則不能加以教授，故記憶于教育上爲必要也。然古昔之學校，過重記憶，殆以暗記爲學校唯一之事業。盧騷氏所以非難此方法者，非無故也。至拉德開氏更極排斥之，曰："無論何事，不可以暗記法學習之。"然此亦非中正之說。歌美尼斯曰："不可使兒童記其所不解者。"海爾巴德曰："當暗記之事項之不能正當理會時，當用器械的記憶法。"則暗記務當用理解的方法。如昔時我國所行之方法，不解其意味而徒以背誦爲事者，決不可採也。

於教授時，用理解的記憶之處極多。世間無論何物，皆有其理由，而得由之以爲記憶之連結點。然亦有全無理由而當用器械的記憶者，如地名、人名、物名及字母之類是也。若能于其中發見補助觀念時，則可採用人工的記憶法。若唯由記憶術之方法，而欲記憶各事，則大有弊也。

就記憶所當守之法則：（一）熱心之反復；（二）興味之振起；（三）材料之適當。即就適于兒童之心力者，與以相當之分量是也。

教授上之最可患者，莫過于强記。如學校考試前，生徒一時爲過度之記憶，其最著之例也。如此則腦中暫時堆積許多之事物，未幾而復失之。教授之效，在積時日而久習之，不務多而唯以確實爲務，此第一要法也。

第五節　想　像

吾人有宮殿之觀念及黃金之觀念，而以此兩觀念作金殿

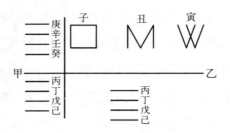

之觀念。如此連結既有之觀念，變形而作新觀念者，謂之曰想
像。想像雖爲觀念再生之一種，然非如記憶時，舊觀念不變化
而再生。故想像有構造新觀念之自由力，而其材料則取之于
經驗。故非絕對的自由，而又有所依傍者也。記憶與想像之
區別如上圖。甲、乙者，意識之閾，閾下丙、丁、戊、己之四觀
念，於記憶則爲庚、辛、壬、癸，于想像則成子、丑、寅之形而再
生者也。

　　想像自其作用上言之，得分爲有意的想像與無意的想像，
又得分爲受動的及能動的二種。更自其對象言之，得分之爲
科學的、美學的及實踐的三種。格代作一小說後，自言曰：“余
如睡游者，不知不識而作此小册，後讀之而自驚。”此無意想像
也。然立腹案，布全局，推敲而作詩文，或從事理學之研究時，
全由意志之努力者，則謂之有意想像。聞他人之談話，或讀詩
歌、小說，而構成事實、風景、器具等觀念，此受動的想像（再生
想像）。吾人所以聞歷史、地理之講義而理會之者，全由于此。
然如作小說，作器械，畫山水等，乃能動的想像（原造想像）。

而發明家、美術家所不可缺者也(右作用上之區別)。

　　學問上之發明,其初多由臆説假定出,謂之科學的想像。詩歌、繪畫等亦全本于想像,謂之審美的想像。而當處事務、圖旅行、爲慈善及冒險之事業,而預定其計畫時,謂之實踐的想像(右對象上之區別)。

　　兒童之想像極盛,格代曰:"兒童于游戲時,能以一切物作一切物,即彼等以棒爲槍,以木片爲劍,以小包爲土偶,以室隅爲家。"兒童之想像常甚荒唐,然科學的、美術的想像已萌芽于此。刻白爾、奈端之理學,屈原、宋玉之詞賦,李白之詩,格代、希爾列爾之戲曲,皆由此發達者也。

　　抑想像有超越現實之自由,使人構造較現在更高更美之一境,而努力達之,實人世進步之原因也。所謂理想,不外合理的想像而已。又如再生想像,雖不可謂之真正之想像,然吾人讀書聞言而有所得者,全由于此,故其效亦不小。但想像之缺點,在導人于虛妄。如年少無閲歷者,漫抱大志,或欲爲大膽之事業,又如無學者之固執迷信,皆出于想像之正軌者也。

　　養成想像之第一要件,在供給其想像之材料。故當使兒童有清潔與秩序之習慣,學溫良之言語、有禮之舉動、雅正之唱歌,又使多知真者、善者、美者。次使兒童由所積之材料,以聽談話、讀書籍,而理會自然界及人事界。兒童既有豐富之材料,則再生想像與直觀實事實物無異,所謂間接直觀是也。又原造想像已現于兒童之游戲,彼等或爲炊事、飲食、贈答,或抱偶人而作育兒之狀,或模仿兵士之操練,此弗蘭培爾所以發明玩具,海爾巴脱所以推荐童話者也。及兒童則當使從高尚之人物之模範,而建設自己之理想,或使綴文,或繪圖,或研究理學上之事。要之,幼稚園時代及小學校一、二年之頃,兒童之想像殆全帶空想之性質。進至第二、三學年,則經驗漸增,道理心漸長,則當與以傳記、旅行記之類,然後使其想像次第運用于科學、美術、道德之上。

第六節　幻　想　及　夢

于觀念再生中,記憶及想像乃規則的現象,此外尚有不規則的現象,幻想及夢是也。

一、幻想。夜間視架上之衣服而以爲鬼,或聞某聲而信爲某人之語,此全屬我觀念之再生,而以爲存于外界者,謂之曰幻想。

知覺上之幻影,乃外部之印象占其大部。至幻想,則外部之印象極微,亦有無印象而自起者。則幻影與幻想之別,不過關于外部知覺分量之多少,故有時不能分別之。

幻想起于視覺、聽覺爲多,然亦有起于觸覺、味覺、嗅覺者。如于無意中以刀背擊頸,則自疑爲被殺,此起于觸覺者也。見油畫中兵士腐爛之狀,而覺臭氣觸鼻,此起于嗅覺者也。又口中無物而感味者,亦往往有之。

在昔人知未開時,幻想之類最多,故多奇怪不可思議之説。兒童亦易惑于此等事，故教育當確實其知識，以破其迷信。殊如教授理科時，尤當注意此點。

二、夢。幻想起于醒時，故欲知其真否，或以手觸之，或以他法試之。夢起于睡時，故吾人在夢中，不得不信爲實有之事。

夢者，乃睡眠中觀念不知不識而再生者也。其再生有種種之原因，或由于身體上之感覺，如近火而卧，則夢游（執）〔熱〕[一]帶之國。或夢疾病而後真病，此由疾病之萌芽，既伏于體中，而夢中不知不識現出者也。亦有全無身體上之關係，而由于觀念之自主的再生者，如吾人所深思之事物，現于夢中是也。

凡夢中觀念再生之間，無聯絡，無統一，而實際所不能有之事，更不怪之。發狂者，則醒而在夢中者也。

第三章　思　考

第一節　概　論

吾人于知覺時，知"此橙爲黃色"，此斷定橙與黃色之關係者也。或記憶"周公，文王之子也"，此斷定文王與周公之關係者也。如此知覺、記憶等之知識現象中，無不含斷定關係之作用。而吾人既由知覺而收得許多之觀念，自有斷定諸觀念間之關係之作用，此作用謂之曰思考。

"鯨，魚也"，"鯨，哺乳動物也"，"太陽繞地球"，"地球繞太陽"，此四者皆斷定事物之關係之思考也。然一與三但本于皮相之觀察，謂之自然的思考。二與四本于精密研究之結果，謂之思考本部，或但謂之思考。以下所論，指後者而言也。

思考以直觀所得者爲材料，而加以整頓聯絡，故不能由思考而得純粹之新知識，不過于既得之知識上，加以反省耳。而直觀與觀念雖爲思考之材料，然任其自然堆積，亦不能定事物之關係，故思考之作用（不）〔必〕〔三〕得特別練習之。

思考之本性，關係之斷定判斷。也。而自斷定發達爲二作用，一概念，二推理也。

人類之概念，乃由直立步行、有言語、理性、道德等諸觀念相合而成，而斷定此數者爲人之屬性之結果也。作植物、動物、山川、忠孝等之概念時，亦要同一之運用。

結合"人當死者也"之斷定，與"我亦人也"之斷定時，則由此二斷定之關係，而能達"我亦當死者也"之結論，此即推理也。

由此觀之，固有之思考，斷定也。而由此發達爲概念與推理之二階級，然由他方面觀之，則斷定者乃表直觀與概念或概念與概念之關係，故斷定之中，已含概念也。

吾人得一直觀，而以之與名稱言語。相連結，則此名稱得

爲後日喚起觀念之方便。然此際吾人若十分用力，則雖無名
稱，猶得喚起此觀念，此以有可以直觀之事物存于外界故也。
然思考則（則）〔全〕〔四〕無此種直觀，故非以言語表出之，不能
把住其觀念。此思考所以與言語有親密之關係也。雖不能言
語者，其亦稍有思考之力。又得以眉目、手勢、自然之音聲等，
略通其所思考，然限于極簡易者耳。然盲兒之心意比啞兒甚
爲發達，此由有言語之效也。言語實人所特有之物，而使人達
高尚之智識道德時，必不可缺之方便也。此國語所以爲國民
教育之基礎者也。

思考之發達在直觀記憶之後，自四十歲至五十歲，爲一生
之最高度。十歲時極低，至七十歲而大衰。

思考者，知識之最高階級，人之所以異于動物者，以其有
思考也。蓋雖有直觀的觀念，而若無整頓之組織之之思考，則
其知識決不能高尚。而由思考以整頓組織之知識，即科學也。
直觀的教授雖爲必要，然不達于概念、推理，則其效甚少。故
直觀與思考相待，始足以使人智發達。要之，智育最終之目的
在使人有自由且銳敏之思考。但思考與人之年齡共進者，故
不能使之早達完全之域，不待論也。

第二節　概　　念

友人某昔日同爲竹馬之游，今年齡已長，比之當時，學識
大進，當重要之職務。其容貌其骨格頗變，然彼依然昔日之

彼，而非他人。吾人于彼，雖見有多少之變更，然彼有終始不
變者存。此于彼所終始不變者，即吾人對彼之概念也。又此
馬與彼馬其色異，彼馬亦與他馬，其大小相異，千萬之馬，皆各
有所異。然吾人通謂之曰馬，即此等有可以通稱之爲馬之處，
此即馬之概念也。如此結合一個事物之本質之要點爲一體，
又結合一群之事物所通有之要點爲一體之觀念，即概念也。

　　凡構成概念時，其次序當如下：（一）同一物現于種種境
界時，比較其種種之狀況，或于一群之事物中，比較其各事物。
（二）抽象其可爲本質之要點（或舍棄其偶然之點），而總合
之。（三）概念常以名稱表出之，表出概念之名稱，于文法上
謂之名詞，于名學上謂之名辭。

　　概念與思察物一致，則謂之正確，不一致則虛妄也。概念
總括思察物之全體，而無過不及，則謂之完全。若其所含或有
餘或不足，則謂之不完全。又一概念得與他概念判然區別者，
謂之明瞭，不然則蒙蔽也。又此概念之各屬性，悉現于意識，
而彼此得互相區別者，則謂之曰剖晰。正確、完全、明瞭、剖
晰，概念之四要性也。正確與明瞭，得要求于各概念，然完全
與剖晰，不能望之于一切概念。

　　示某概念之本質，而以之與他概念相區別者，謂之曰定
義。如曰“牛，反芻動物也”是也。又解剖一概念，而示其範圍
內所含之內容，謂之曰區分。例如解剖人類之概念爲白人、黃
人、黑人、紅人、棕色人是也。定義以正當、明瞭爲主，區分以

完全、剖晰爲主，其詳論讓之于名學。

　　茲有犬、動物、生物三概念。犬含于動物之中，故就犬與動物之關係，動物爲類概念，犬爲種概念也。然動物亦含于生物之中，故就動物、生物之關係言之，生物爲類概念而動物爲種概念也。一切事物皆以此關係相從屬，而在其最上之概念，謂之最高概念。

　　概念總括事物之本性之要點，而完全且剖晰者，謂之名學的概念。如幾何學上下三角形之定義，而列舉三角形之所以爲三角形之要點是也。此極精確之概念，科學者及哲學者之所欲得也。然望之于兒童，未免過早。而所望于兒童者，雖不能達此精確度之，亦當與思察物一致，而得與他事物相區別。即概念之正確、明瞭者，謂之心理的概念，例如知机之所以爲机之要點，而得與他物區別是也。此雖有不甚精確之處，然常人所有之概念多屬此種，對兒童之教授，不得不以此爲滿足也。

　　直觀的觀念若無概念以排列之，則不過塊然之一堆積耳。概念若無直觀的觀念，亦毫無意味者也。汗德曰：“無觀念之直觀，盲目也。無直觀之概念，空虛也。”二者相待，而始得完全之知識。

　　自直觀而概念，自具體而抽象，此教授進行之最大要點，而古來教育家之所苦心者也。

　　欲使兒童得概念時，第一，當使明概念之根本之直觀。歌美尼斯曰：“當以直觀法教授，不然，則自兒童奪去其概念也。

譬如伐樹木之枝葉,則必枯死。"第二,當使兒童于教師補助之下,自比較事物,抽象之而作概念,勿妄以既成之概念授之。但其初使作低度之種概念,而漸作高等之類概念。第三,勿使兒童記憶無意味之言語,當常使之作正確之概念,而以精密之言語表之。第四,使兒童應其年齡與學力,而練習定義與區分之法,此使知識確實而整頓之者也。

第三節　斷　　定

於"此花赤色也"之斷定中,定此花與赤色之關係者也。於"鯨,哺乳動物也"之斷定中,定鯨與哺乳動物二概念之關係者也。此花與鯨,謂之主位,赤色與哺乳動物,謂之賓位。蓋此種斷定爲説明主位而引賓位,故斷定者,可謂之定立于主位者與立于賓位者之關係者也。

如斷定中主位與賓位之結合,背于實際之事物,則此斷定虛妄也。例如曰"水,元質也",是以"元質"之不當之賓位,説明"水"之主位故也。若改言"水,化合物也"則真實也。

若以言詞表一斷定,則成一單文,名學上謂之曰命題。

斷定得由其性質分量及程度,而分爲數種:

(甲)鯨,獸也。

(乙)鯨非魚。

(丙)有生活于水中之獸類。

(丁)某獸不生活于水中。

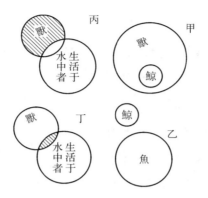

（甲）（丙）主位含于賓位中，故謂之肯定斷定。（乙）（丁）主位不含于賓位中，故謂之否定斷定。此區別本于斷定之性質_{肯定、否定。}者也。

又（甲）主位之全體皆含于賓位中。（乙）全體皆不含于賓位中。以就主位之全體言，故謂全稱斷定。（丙）（丁）但就主位之一部分言，故謂之特稱斷定。此區別本于斷定之分量_{全稱、特稱。}者也。

以上所有之斷定，皆就實際之事物立言者，謂之現實斷定。然未確實之斷定，例如“今日當降雪”，或如“奉天當爲日軍所取”，謂之蓋然斷定。又有較現實斷定更確實，不但云如此，而云不得不如此者。例如云“物體向地，則不是不落”，或云“有因必有果”等，謂之必然斷定。此斷定之程度上之區別也。

斷定如前所述，初無意識的發于知覺、記憶，漸進而爲意識的斷定,而成思考本部之作用。

一切斷定,其初皆特稱也,即以"此物如何""此事如何"始,進而説"大概之事物如何",遂達"一切之事物如何"之斷定。然兒童及乏知識者,往往陷于以特稱爲全稱之虚妄。

一切斷定,其初大抵傾于肯定。例如以許多之獸居于陸地,而直斷鯨爲魚,此與以特稱爲全稱之妄斷,合而生如斯之全稱肯定斷定者也。而否定斷定則因知識之進步,而知自己之誤,或反對他人之所信,或曰他人對己之疑問而起者也。

現實斷定及必然斷定,當在蓋然斷定之後,不待論也。然亦有誤以蓋然斷定爲現實或必然斷定者。

思考之本質爲斷定,於得直觀及觀念時,既須此作用矣,至概念推理,則全由是發達。要之,斷定不但一切知識上所不可缺,其影響于感情、意志者亦大,故于教育上極要也。而欲使兒童得精確之斷定,第一,當使得完全之直觀與正確之概念。第二,斷定亦與概念同,與言語之關係極爲親密,故當練習表出之之方法。表出之不明瞭,足以證斷定之不明瞭也。第三,斷定不可不(一)自由,(二)謹慎,(三)精實。兒童其初雖當從長者之指示而依其斷定,然當漸爲獨立自由之判斷,又不可有輕易判斷之惡習,故務使就適當之材料而斷之,誤謬則使再考之。一童之所爲,則使他童正之,以使習爲謹慎之斷定。而自由與謹慎之結果,則可達精實之斷定。但

判斷時，當惹起兒童之注意，及保其心情之平靜，此又教授上
之一要件也。

<h2 style="text-align:center">第四節　推　　理</h2>

“凡人皆當死，故世無不死之人”之推理，乃由“凡人皆當
死”之一斷定，而達“世無不死之人”之新斷定者也。于“凡人
皆當死，秦始皇帝人也，故秦始皇帝當死者也”之推理，則由
“凡人皆當死”及“秦始皇帝人也”之二斷定，而達“秦始皇帝當
死者也”之新斷定者也。如此由一或二之既知斷定，而達他新
斷定者，謂之推理。于名學上既知斷定，謂之前提，新斷定謂
之結論，而聯合前提與結論而示推理之徑路者，謂之推理式。

由一前提之推理，謂之直接推理。由二前提以上之推理，
謂之間接推理。歸納法及演繹法，皆間接推理也。二者之例
如左：

歸納法	金銀銅鐵等皆得熱而鎔解	（大前提）	⎫
	金銀銅鐵等皆金類也	（小前提）	⎬ 推理式
	故金類皆得熱而鎔解者也	（結　論）	⎭
演繹法	金類皆得熱而鎔解者也	（大前提）	⎫
	銻安的摩尼。金類也	（小前提）	⎬ 推理式
	故銻得熱而鎔解者也	（結　論）	⎭

由前例觀之，歸納法自種種特別之事物，而達一般之原理
者也。即由“金得熱而鎔解”“銀得熱而鎔解”“銅得熱而鎔解”

之種種特別斷定,而達"金類皆得熱而鎔解"之一般斷定者也。演繹法反是,先有一般之原理,而應用之于種種特別之事物。即由"一切金類皆得熱而鎔解"之一般斷定,而達"銻得熱而鎔解"之特別斷定者也。

　　歸納法之誤,僅有一二處。如見一二人於某日爲某事而敗,而定此日爲凶日是也。兒童及乏知識者易陷于此。又演繹法其形式有時亦有似直接推理者,如云"一切金類皆得熱而鎔解,故銻亦得熱而鎔解"時,漏"銻,金類也"之一前提。又如云"彼不衛生,故當罹病"時,漏"不衛生者皆當罹病"之一前提。此等推理,大抵無誤,然時或因漏一前提而誤者,故不可不慎也。

　　直接推理不過分解前提中所含之意味,故益于知識者甚少。間接推理則于人知之活動時,至高至要者也。吾人由歸納法得發見宇宙事物間之一般法則,由演繹法得應用既知之法則于新事物,世界所以有今日之進步者,全由此二法也。

　　一般之法則乃知識之最高者,一切科學皆以發見其範圍內之事物所有一般之法則爲目的。教授之目的亦不外此,即在由直觀以得觀念,更精練之而爲概念,以進而得一般之法則。教授之方法乃從心理之自然,而取以上之徑路者也。

　　夫然,故於教授時當本于觀念,先斷定種種特別之事物,從歸納法而發見一般之原理,更從演繹法而應用之于各事物。海爾巴德之教授學,不外從此次序而已。若背此法則,而先授一般之原理，雖或宜于成人，然對兒童則除修身科之先授格言，而使之應用外，可用之處甚少。

　　以上所述，皆吾人知識之現象也。而吾人心意中之營直觀作用者，謂之感性、_{營感覺}。悟性，_{營知覺}。其營思考作用者，謂之曰理性。

校勘記：

〔一〕據日文本補。

〔二〕據日文本改。

〔三〕據日文本改。

〔四〕據日文本改。

第三（編）〔篇〕[一]　感情

第一章　概　　論

感情者，與知識及意志相伴之快不快之意識也。但同一快不快之中，各有其特色，關飲食、知識、運動等之快不快，各不相同。又遇災厄而感他人之親切時，快與不快之情相混。

感情起于人與事物之關係，故就同一之事物，由天性、男女之別，而各人不同。即在一人，亦由年齡、氣候及當時心身之狀況而異。

感情尤與身體相關係，感于內者，必發之于外。即（一）發于噫、嗚呼等之感動詞；（二）發于音調、顏色、舉動；（三）如笑或泣等。

感情從其強弱與久暫，而呈種種之狀況。即極微弱時平静,而極强烈時則爲激情。于此兩極端間,有種種之度,然不能一一以言語名之。又一定之感情繼續時,謂之心調,否則感情不定者,謂之喜怒無常。

感情有感應、覺官的感情。情緒及情操之三階段。如《心的現象泛論》所説,小兒於知識上直觀的,感于情上感應的也。然恐怖、愛情等各種之情緒,亦次第發現。而情操之發達,則居最後。吾人對一事物而不感快不快者,則此事物與吾人無關係也,無價值也。吾人若愛之或惡之,究由其有快不快之感。凡得知識時,由于注意于惹起感情之事物,又吾人爲一事,若不爲之,亦無不由于感情。則感情者,謂之知識與意志之原動力可也。

人生之幸福不關于知識之量,而以感情爲主要之成分。科學的知識雖如何進步,然温和潔白之感情若不發達,則社會陷于乾燥無味。此感情所以于教育上極重要者也。於感情之教育,(一) 當由抑制與養成二法,善良者助長之,不良者抑制之。(二) 其養成也,不可偏于一面。蓋種種之感情于人間有種種之作用,故不可不爲相當之注意。(三) 感情當使服從知識與意志。約翰保羅曰:"感情如現于晴夜之星,理性則如常示正路之磁石也。"(四) 教育者當自有温良之心情,冷淡無情之人全不適于爲教育者,其尤要者,快活之情也。約翰保羅曰:"快活翠如晴天,萬物由之生長。"

第二章　感　　應

　　感應隨感覺而起，然二者其性質全異。據范白爾之説，以手插入冷水或熱湯，則先有鋭急之感覺，少後則苦痛之感應隨之。又海甫定曰："余嘗負手而行，退二三步，不意觸于熱火爐上，此時感苦痛之前，先有接觸之感。"然種種之感應必與感覺之元質相混，始得辨其異同。若感應中而不混以感覺，則吾人之感應混沌而無差別也。但二者則互爲反比例，感應强則感覺弱，感覺强則感應弱也。

　　感應得從感覺之種類，而分爲左數種：

　　（甲）伴有機感覺之感應。就血液之性質及分量與其循環之勢力，纖維之緊張，腺液之分泌之多少，筋肉之張弛，呼吸之遲速，消化之良否等，皆有種種之感應。此等合而生身體之快不快，而從生活力之消長，生自由、安易、勢力之感，及其反對抑壓、不穩、無力之感等。

　　（乙）伴味覺及嗅覺之感覺。味覺及嗅覺，所以試飲食物與空氣，而避有害之物，而攝取有益之物者也。而與此感覺相伴之快不快之感應，實當鑒別之任，而此等感應實爲人生幸福之大源泉也。

　　（丙）伴觸覺及筋覺之感應。觸柔軟、光滑、温暖之物，則覺快樂。觸堅硬、粗糙、寒熱過度之物，則覺苦痛。又適宜運動身體，則感愉快。試强烈之運動，或全不運動，則生不愉快。此等感應亦人生幸福之大源泉也。

（丁）伴視覺之感覺。視覺中有光覺與色覺，故其感應亦從之而異。先就與光覺相伴者言之，光明愉快，而暗黑不愉快也，蓋光明爲動植物生活之必要條件故也。色覺之愉快，特爲顯著。格代曰："鬱陶之日，日光漏于雲間。照下界之一部，使山河之色歷歷在目。吾人之心地，非有蘇生之感乎！"人云美色之寶石有治療之效，畢竟以其有不可言之快樂故也。

色彩中有如黃色及赤色，使人心興奮者，有如青色使之鎭靜者。前者謂之發動的色彩，後者謂之感受的色彩。黃色與青色之所及于感情之差異，似光明與暗黑之差，前者使人心爽快，後者呈悲哀之相。而赤色之力强于黃色，故其發動人心也尤甚。綠色與紫色，在此兩者之中間。即綠色生安息之印象，不似青色之寒冷；赤色之活潑，紫色兼有青色之嚴正之點與赤色之活動之點。

伴視覺之感應，非獨直接起于光與色而已，又由聯想而起者不少。光明與生及活動相聯合，暗黑與死及危險相聯合，紫色與花、黃色與日光相聯合，其依此等影響而生快不快者，頗不少也。

此外視覺之作用，其自身亦即爲快樂之源。光明色彩使視官發動，暗黑則閉止之。兒童不問何種之色皆好之，蓋以此也。

（戊）伴聽覺之感應。視覺上光明與暗黑之關係，與聽覺上音響與寂靜之關係相應，即音響使聽官發動，其自身既有一種之愉快。兒童及蠻人所好強烈震耳之音樂，全由于此。而高聲之爽快、活動，與低音之鎮靜、嚴肅，亦與發動的色彩及感受的色彩相應。感應中屬于味覺、嗅覺、觸覺、筋覺者全禁止之，其無理固不待論。何則？此等實爲人間幸福之大部，不可不於適當之度滿足之。但節制之事極緊要也，故父母、教師當自爲質素之生活，以爲兒童之模範。

其關視覺、聽覺之快樂，概以之許兒童無害，而由之以抑制劣等之感應，亦必要之事也。

第三章　情　　緒

感應之起源在於身體，而情緒之起源則在心意上。情緒關于自己或他人之利害，情操則離利害之關係，而關物之自身而起者也。此三者相異之點也。

情緒應人間境遇之複雜，而其數極多，不能列舉之，舉其重要者如左：

（甲）活動之情。如前所述，身體之運動乃一種之愉快，心意之活動亦一愉快也。飽食終日，不如以圍棋治動心意之愉快。故修學術、技藝，其自身亦一種之愉快也。而爲一事而其力既盡時，謂之疲勞之感，若久爲同一之事，則生厭倦之感。

（乙）自重之情。認自己之優大時，則生自重之感。若自視過高，則流于傲慢。若認自己爲全無價值者，謂之卑下之感。

（丙）名譽之情。他人認我優大時，則生名譽之感。我認他人之優大，謂之嘆美。若認他人之優大而惡之，則謂之猜忌、嫉妒。又認他人之劣弱而憐之者，謂之憐憫，嫌之者謂之輕蔑。

（丁）嫌惡之情。對與我以不快之事物，則生嫌惡之情。欲除其不快之原因，而氣力自然激昂時，謂之忿怒。若不能除此苦痛，而處受動之地位而感之，謂之悲哀。見害我者之苦痛而生快樂，見其快樂而生苦痛，謂之反情。若認苦痛將加諸我時，謂之恐怖。

（戊）喜悅之情。對事物與我以快樂時，則生喜悅之情。對與此快樂之人，則生愛情。親子之愛其最著者，忠君愛國之情亦不外此。預期快樂之來，謂之希望。及其實際來時，謂之滿足。而希望之不得達時，謂之失望。

（己）同情。思他人之快樂而己亦感快樂，思他人之苦痛而己亦感苦痛者，謂之同情。小兒見母之笑而笑，見他兒之泣而泣，則同情固人所生而有者也。而愛情、共同之生活、知識、經驗等，皆助其發達。即如親子之間，同鄉共事人之間，同情易起。又有知識、經驗者，能想像他人之境遇，而增其同情。故小兒不能察大人之心情，凡夫不能解英雄之心事也。

情緒之需教育，比感應更大，教授訓練上利用情緒時亦多。

一、不可使兒童閑散無事，當使之或讀書，或游戲，或學技，以滿足其活動之情。《傳》云"小人閑居爲不善"，又云"佚則思淫"。由不用其活動之力于正路之所致也。但疲勞與厭倦，乃萎靡人之活動力者，不可不避之。

二、自重之情使人進步上達，卑下之情使人自暴自棄。故教育者當使兒童自知其品學上優秀之處，唯當使知他人亦有此美，不可流于傲慢也。

三、名譽之情小兒亦既有之，彼等聞人稱其賢于他人則喜。叱責嘲罵之效，所以不如獎勵褒賞者以此。此亦與自重之情同使人進步上達者也，萬不可挫折之。然此情過重，則往往阿世媚俗，而失其獨立自重之美德，不可不注意矣。又嘆美他人，即所以使自己近之效之者，故當示以善行偉業，而養其嘆美之情。而嫉妒、輕蔑，不可不嚴制之。學校之重考試而猥使兒童競爭者，每易陷于此弊也。

四、嫌惡之情亦人之天性，必非罪惡，然其進而爲忿怒，往往打勝理性而入于非義。故不可不使注意于他事物，或示忿怒之危險之故事以抑制之。然對不義不正而發之忿怒，乃

所以進德者，不可禁也。至反情則當以全抑之爲務，而與其從
正面攻擊之，不如養成其愛情、同情爲有效。悲哀、恐怖，所以
萎靡人之氣力者，當務使不發。雖頑强而不服理者，不得不以
種種之手段恐嚇之，然其效亦少。

喜悦，增人之氣力者也。常以喜悦之情充滿人心，人生之
最大幸福也。特如兒童尤當使多喜悦之情，此品性修養之基
礎，學業進步之根柢也。又兒童之心，當使充以希望，不可使
之陷于失望之地。

父母教師之愛，即所以惹起兒童之愛者，若無愛情，則教
授、訓練不過外面的、形式的而已。愛者，人間最大之德，又教
育者之最大心性也。而養忠君愛國之情，亦可自父母之愛導
之，所謂"求忠臣必于孝子之門"是也。

同情者，最尊貴之情緒，不可不大用力以養成之。
（一）父母、教師對他人及兒童深表同情，則兒童亦學之。
（二）於兄弟、朋友間之交際，當使之互表其同情，即於家庭及
學校，常常置一人之利害于一般之利害之下。吉凶互相慶吊，
有餘則與不足者，强者助弱者，以使兒童生長于同情之空氣
中。（三）修身、國語、地理、歷史等之教授，足以增進知識，廣
兒童同情之範圍。如理科中戒動植物之殘害，此使同情及于
自然物者也。（四）同情當從理性之指導，不可使之發達于誤
謬之方向。彼愛猫犬而對兒童及貧民乏同情者，或禁殺生而
處犯之者以死刑者，可謂顛倒同情者也。

第四章　情　　操

　　情操亦如情緒，其起源在心意上。然其雖人己之關係，利害之思想，而對物之自身而感價值，則與情緒異也。情操有關知識之知情，關美妙之美情，關道德之德情，關神之宗教之情之四種。使此等情操完全發達，教育上重要之事也。

第一節　知　　情

　　吾人經驗事物，或悟事物間所存之理法時，感一種之愉快，如觀山川、閱傳記或聞理學上之説明時，所感之快樂是也。且不但此，得知識之作用，即探究心之自身，亦與其成功之希望相伴，而感一種之快樂。無知則反之，乃不快之源也。如此伴知識之收獲與探究之快樂，及伴無知之不快，謂之知情。

　　知情者，對知識自身而感快樂之情，非以知識爲某目的之手段而起者也。此情人人有強弱之不同，然無之者鮮，此實真理之明于世之大源因也。旅行阿非利加内地之博物學者，及嘗許多之勞苦而發見自然之原理之理學者，及唱導真理至死不變之哲學者，無非由此情刺激之者也。而知情之助德行亦不少，如言行之正直，由于好真而惡妄故也。

　　於教授時，但叱責、稱讚及評點等，而使之得知識，其不可也。若其方法適宜，能滿足其知情，則兒童自有好學之趣味。故爲教師者，（一）當據直觀，訴之想像，以使兒童真解所授之事物，不可徒使記憶其言語；（二）不可悉教之授之，當使兒童自斷定，自推理，而有所發明；（三）毋授過多之材料及過難之事，而當視兒童之能力而適合之；（四）當使認自己之無知不能，而爲刺激其勤勉努力之心；（五）教師當有好學之心，精通其所教授之事項，以與兒童共學習進步，則能惹起其興味。

第二節　美　　情

人對天然之風景及雕刻、繪畫、音樂、詩歌等感一種之愉快，對不潔醜惡者亦感一種之不快，而此快不快之感情，非以供何等之利用，而對美醜自身而起者也。如此對美醜之快不快之感，名之曰美情。

喚起美情之事物，（一）清潔、秩序及舉止之端麗；（二）動植、金石、山水等之天然物；（三）建築、雕刻、繪畫等之視覺美術，與詩歌、音樂等之聽覺美術；（四）道德的行爲是也。

喚起美情之要質有三，即事物之體質、形式及意味是也。商之音美，而呼聲不美，此由其音之體質者也。又雖同一之物，其配合整齊變化且統一者，吾人感其美，此由其物之形式者也。而許多之物，不但由其體質及形式，又由其有某種之意味，而愈感其美，如松竹梅菊，以其與隱逸高節之觀念聯合，而增其美感者也。

　　宏壯之情及滑稽之情，美情之種類也。宏壯之情乃對宏大之事物而起者，無際之蒼空，茫漠之洋海，巍峨之山岳，偉大之建築，詩歌、小說之描寫慘酷之境遇，堅忍不屈之人物等，皆足以起此情。此情乃感事物之偉大，而發揚人之心氣，與以一種之快味者也。滑稽之情由事物、言語之不恰當不思議而起，如盛裝人之衣服，而露破綻等，皆足以引起此情。滑稽文學，主利用此情者也。

　　美情（一）與人以一種高尚之快樂；（二）抑卑下之快樂；（三）豫防舉動之粗野、罪惡之不潔等，故爲人生必要之感情也。又宏壯之情使人希偉大之人物，滑稽之情亦喚起注意，而爲達美與知識之刺激也。

　　養成美情時有當注意者：（一）校地當擇風景明麗之處，清潔校舍，整頓器具，教室務施裝飾，又於校外設園。（二）教師雖貴質朴，亦不可鄙野，即其言語、衣服、舉止，必以端正爲務。（三）家庭、學校皆當使兒童得清潔秩序之習慣，不可任其粗率。（四）授圖畫、唱歌、習字時，其當養其美情，固可不論。此外於修身、歷史，當示以偉大之人物，而喚起其宏壯之情。於地理、理科，使悟自然之美，且使知宇宙萬有之廣大，以養其宏壯之情。（五）於祝祭日儀式之莊嚴，於遠足旅行時風景之賞玩等，皆養成美情之機會也。

　　滑稽之情亦一種之快樂，足以醫疲倦，破岑寂，然概與威嚴、端正不相容，故屢屢發之，非無害也。

第三節　德　情

吾人爲社會爲他人而盡力時，此際自己雖有損失，亦感一種之愉快。又吾人於所愛之人，亦對其行爲之不正而生不快之感，於與自己無關係或素所憎惡之人，見其行爲之正直謹慎，而生愉快之感。如此離利害、愛憎之關係，而就自己或他人之正行而感快樂，或就其不正之行而感不快者，謂之曰德情。

凡人心之知善惡，及好善而就之、惡惡而避之者，名之曰良心。良心之萌芽，雖人之所生而即有，然其發達則教育經驗之力也。吾人從良心之所指示，則生滿足之感，若背之，則生悔恨、羞恥之情。

良心之所指示，常若有云"不可不如此""不可如彼"者，此命令之權威，吾人于他處所不能感也。即吾人好魚與肉，或好音樂與繪畫，然無其不可不好之感。而良心之所指示則與之異，而常感"不可不正直""不可不忠孝"，謂之曰義務之情。

德情得愛情、同情、知情、美情等之補助，則其動作愈完全。若恣肉體上之快樂，或憎惡、嫉妒之惡情得勢力時，則終使之萎靡者也。

德情者，人之所以爲人所不可缺者也。蓋如美情雖爲使人高尚時所必要，然無之亦非可責罰者。然若無德情，則全失人之所以爲人之價值，而不免責罰者也。

良心由判別善惡之知識與好善惡惡之感情，及趨善避惡之意志成立者也。故其狀態極複雜，而養成之也亦極難。蓋其最初尚非純粹之德性，大抵混以懼長者之叱責，或欲得其賞讚之情，次感長者之好意、愛情而敬愛之，遂進而就行爲之自身，而發好惡之情。故教育之方法，亦不可不適應之。

（一）父母、教師之言行勿論，即社會之風紀如何，亦大關于德情之發達，此模範之所以必要也。（二）父母、教師不可不利用稱讚及叱責，當時注意于兒童之行爲，以揚善而抑惡。（三）無論何種之教授，皆所以開發知識，而爲判別善惡之助。特如修身、國語、歷史，與此有極大之關係。此外當禁猥鄙之新聞小説，獎讀有益之少年書類。（四）於家庭、學校向兒童之訓誡，或視祭日之誨告，皆當供此目的。（五）兒童相互之交際，養成德性之好地也。即于教室共學時，於運動場共游時，或於遠足旅行共苦樂之時，皆最可利用之好機會也。

第四節　宗教之情

四時行，萬物生，是誰使之然歟？積善之家，必有餘慶；積不善之家，必有餘殃。此亦誰使之然歟？思至此，則不得不認人力之外，別有大勢力焉，以統治宇宙。野蠻人信猛獸或酋長之靈鬼有此大勢力，稍進則信宇内有許多之神分治種種之事物。而如基督教、回回教，則説全智全能之一神創造此世界人類，又管理之。于儒教則説天及上帝，信天命天道（但非如基督教之説具人體之神），以代表吾人之道德的目的，故曰"賢希聖聖希天"。如此，人類認一大勢力在自己之上，而管轄自己之運命，而有崇敬之服從之情，謂之情，謂之曰宗教之情。

宗教之情密與德性相關係，兩者互相補益，即某人以道德爲神之所定，故益不得不實行之。然二者非全相同。宗教本于神，且出世間的；道德本于自己之良心，且社會的也。海爾巴德曰："人無宗教之情，則薄弱而爲無善之勇氣。"實宗教之情乃道德之支柱，而不可缺者。故古今立教，莫不説神或天，則于教育上不可不以使兒童達畏天命、慎獨之域爲目的。由此點觀之，教育上雖無授宗教之必要，然養成廣義之宗教之情之必要，無可疑也。

於修身及歷史之教授中，示善人之必全其終，惡人之必罹其罰。又於地理、理科等之教授，使知世界萬物之間有秩然之紀律，且示此等皆足以供人類之利用，所以養成宗教之情也。又使崇教祖先及先哲，或對神、佛而表敬意，亦進于宗教之情之方便也。

校勘記：

〔一〕據上下篇章改。

第四篇　意　志

第一章　概　論

知識所以受領事物，感情知事物所與之快不快，皆受動的也。然吾人不但在受動之地位，又自發動而有所欲、有所爲者也。今以例示之，吾人不但觀花而感其愉快，又進而欲得之，若遇所不好者，則欲避之，此等心之自發動，即意志也。

意志自一方面觀之，乃最早發現，而可視心之現象之根本。然其完全動作，則在知識、感情發達之後，於教育中當養成以精確之知識、高尚之感情爲基礎之意志，及使兒童得確實之品性。

吾人之意志現于外，則爲行爲，向內則爲注意。而所以現而爲行爲及注意者，因欲滿足其營養、動作等種種之衝動故也。然此等衝動，在動物及嬰兒，有依本能以盲進突前，而得其滿足者。唯在成長之人類，則欲滿足其衝動之事物而生願望，欲達此願望，於是意志現而爲行爲、爲注意。而吾人之行爲常据一定之主義而統一之者，謂之曰品性。

以下當順次就衝動、本能、願望、意志、注意及行爲而論述之。

第二章　衝　　動

凡生物于其內部有一種之勢力，自衝起發動以求滿足者，謂之曰衝動。種子有欲萌發成長之衝動，植物有欲向日光溫熱之衝動。如此者人亦有之。嬰兒感飢渴則啼哭，不堪靜坐之苦，則欲運動。而此衝動之被滿足時感快樂，不滿足時感苦痛。但衝動者但欲得一般之滿足之努力，非欲得某某之物件。例如欲食之衝動，非必求牛肉及饅首，而但求可以滿足之者。故衝動者，乃欲滿足心身必然之需要，而無意識發作之勢力，自然存于人者也。

衝動應人類身心上種種之需要，其數甚多，茲舉其主要者。即欲飲食之營養衝動，欲發動身心之動作衝動，欲與他人交之社交衝動，渴望知識之知識衝動，及欲爲德行之道義衝動，欲得美妙之審美衝動等是也。

種種之衝動乃身心之發達上所不可缺，而人類常欲滿足此等衝動,而爲種種之動作者也。特如兒童不能片時間暇,而常刺激于彼此之衝動,故於教育時當導于正路,而適宜滿足之。即動作之衝動,依游戲、運動、課業;社交之衝動,依衆兒之同游;審美之衝動,依繪畫、音樂及習字等;知識之衝動,依事物之經驗、推考等;道義之衝動,依正直、慈惠之行爲等,而各各滿足之。

第三章　本　　能

如前所説,自發運動者乃欲發散充于内之氣力,而無目的無理由而自起之運動。反射運動者,應外部之刺激,不待大腦之命令,而直起之運動也。此二運動皆全無意識、目的之觀念,與手段之觀念,皆其所不能覺也。故如反射運動中,有時手觸熱器,反向之而突進是也。然人類及動物中,又有所謂本能者,生而能爲達一種之目的之動作,恰如熟練者然,例如嬰兒之哺乳,蜂之釀蜜皆是也。此際嬰兒與蜂,完全爲一種達目的之動作,然其目的彼等所不知,其手段則生而即賦與者也。故乳頭之觸嬰兒之口,必吸之而不爽,此即無意識中滿足其衝動之器具也。故本能者,乃不知目的而爲合于目的之動作,可謂不可教之能力也。本能于精神未發達時,代之以滿足心身之需要,若無之,則人類與動物不能成育。動物之生活之大部分,依于本能,唯人類因其成長後，悟性與理性二者，遂代本能之用。

第四章　願　　望

衝動其自身蒙昧，非有明知之目的，唯有滿足其衝動之不定之努力耳。而其依本能以滿足之者，既如前章所述矣。然若明認能滿足其衝動之物件，於是生願望。例如嬰兒屢依牛乳，以滿足其營養衝動，遂生對牛乳之願望是也。在衝動中，則暗昧之感情自生動作，在願望中，則事物之觀念喚起感情而生動作者也。如此欲得能滿足其衝動之努力者，名之曰願望。而能滿足身心之衝動之事物，其數無限，故願望之種類亦無限，如飲食、金錢、名譽等，其數不能枚舉。

願望由其強弱與久暫，而成種種之形。某種之願望，例如某種食物之願望，甚為強烈時，名之曰欲望。而欲望之被滿足也，則即鎮靜，如飢渴既解之際是也。然于他處，如守財奴之於金錢，願望及欲望成一種之習慣，而時時復歸者，謂之曰偏向。偏向之習慣，愈久則愈堅固，其達特別之高度時，謂之曰癖。

欲望大抵得由理性制限之管理之，然既成偏向、癖性，則壓理性，而自握最上之權，如此者總稱之曰欲情。例如飲酒、吸鴉片烟之癖，使人不顧自己之利害，家族之不幸，而唯求其欲情之滿足，是精神狀態之錯亂而陷人于罪惡及不幸者也。

激情時有與欲情相混者，然二者其性質相異。激情雖强烈，然一時的，不如欲情之堅固，即以激烈之忿怒與復仇之念比之可知。汗德曰："激情如破壞堤防之水，欲情則水之嚙其堤根者也。"又曰："激情如中風症，欲情如肺病。"可以知其別也。

關兒童願望之事，教育家所當注意者如左：（一）當適宜滿足之。雖在猛虎，若注意而適宜與以食物，則減其凶惡之性。（二）當遠離不良之事物，而不使起對之之願望。（三）使學父母、教師等之善良之模範，使好科學、美術，及以道德充滿其心中是也。

兒童好居人上而制人，又多復仇之念，則欲情之端緒已存于彼等矣。凡欲情之初成立也，乃徐徐而來，而非遽有堅固之根柢。及其既成之後，則拔去之也難。然非全不能去之，即高尚之趣味與尊貴之模範，于治療上有大效者也。

第五章　意　志_{意志本部}

衝動盲目的，而其所向之事物不定也。願望既向一定之事物，然不知此事物之可到達與否，故向不可得之事物而發者不少。然若信此事物之可得，於是有意志之發現。但事物果能如其所信而達之否乎，爲一別問題。然既有此信念，則意志必起。故意志者，可視爲與可達之信念相聯結之欲望也。

　　願望者，激動意志之原力，謂之曰動機。目的。吾人之意
志必因動機而起，又既有動機，必有達之之手段。故動機與手
段爲意志之二要件，缺其一則不能起也。

　　意志之發也，必就動機。目的。與達之之手段而思慮之、
決斷之。思慮者，于若干之時間，思當取何種之目的，何種之
手段者也。而此作用必俟經驗倉卒從事之失敗而後起。少年
思慮之不深長，由其乏經驗故也。而既思慮之後，定取某種之
目的，與某種之手段者，謂之曰決斷。決斷既成，即形于動作。
就思慮與決斷，有二種之缺點，一過于倉卒，一過于遲緩，二者
敗事不少。而思慮、決斷二者，皆預想知識與感情之發達。故
記憶之精確，想像之敏活，思考之明晰，種種感情之調和的發
達，乃欲意志之安定堅固時所必要者也。

　　意志向外，則爲行爲，向內則爲心之指導。而就心之指導
言之，以注意爲主。

　　意志之由衝動偏向癖性、欲情等直發作者，謂之曰自然的
意志，此意志之最下級也。若以利害、成敗爲主眼，或以邪正、
善惡爲主眼，而運其思慮決斷者，此從悟性與理性之指示，而
意志之高等者也。

　　意志以發動爲本性，向內則爲注意，而爲心意發達之根
柢，向外則爲行爲，而爲品性修養之基礎。故意志發達之不完
全，道德可不待論，即科學、美術之進步，亦不可得而期也。

訓練意志之要件如左：

（一）幼兒所發者多自然的意志，而其行爲之不適當者不少，故最初當以父母、教師之意志代彼等之意志，而命令或禁止之。及其年齡漸長，知識、經驗亦漸增，而高等意志亦漸發達，當漸使之以己之意志自由行事，終當使全獨立而不受外界之干涉。（二）當使兒童得思慮決斷之習慣，故于某範圍內，當使之自由爲事，以使悟疏忽之所以失敗。又於修身之教授及臨時之訓誨時，當使就他人之行爲而批評之，就自己之行爲而精思之，以練習其思慮。而思慮既決之後，必使實行之。夫人所以遇事而不能決行者，以其意志之不堅固，欲養其決行之力，當使兒童之所思慮而行爲者，雖無十分之成效，亦不舍棄之。且務使爲與其能力相當之事，使得成功之快樂，及進而不止之風。（三）父母、教師之慎密之思慮，與其果斷之行爲，自于不識不知之中訓練兒童之意志。（四）父母、教師之公平之賞罰，足以助兒童意志之發達者不少。但賞罰獨賴外部之干涉，非真正之自由之意志。此唯于兒童之未發達時用之，爲一時之方便耳。

第六章　注　　意

吾人覺醒時，或視聽外界之事物，或回憶過去，或想像未

來，心中常有種種之感覺、觀念、思考等互相交代。易言以明之，意識不絕向種種之事物者也。即如上圖甲所示，此意識散漫之狀也。然若意識不向彼此之事物，而向某範圍內一列之事物，如上圖乙所示，則意識稍有集合之狀。若以心意之全力凝聚于一事物，如圖之丙，此即注意也。

注意恰如眼中之黃點，一切物唯由黃點明視之，一切事亦由注意得明知之者也。

喚起注意之要件：（一）除去亂注意之物；（二）身體之強健與氣力之充實；（三）其事物愉快，或爲愉快之方便；（四）有變化是也。

注意不能對一物而永以同樣之強度相續，而時時昇降，如彼綫者也。例如于閑靜之處，聽懷中時辰表之音，常有高低之循環，此非時辰表之音有高低，而由注意之力有消長之所致也。如此者名之曰注意之律。

今有靜坐讀書之人，忽焉而逢地震，則心不在書而即向注意于地震。或示嬰兒以美花，則自然注目之。此等注意，由其所向之物件之勢力而無意起者，謂之曰無意的注意。若就一問題而思考，或對不明瞭之物而用力視之，此由内部之動機，使我心故意向之者，名之曰有意的注意。兒童初用無意的注意，而注意于顯著之事物，及心意發達，於是有意的注意生焉。

所注意之事物有屬于感覺者，有屬于觀念、思考、感情者，前者幼兒既有之，後者非成長之後不能也。

兒童注意之强弱，直爲判定教員教授力之標準。兒童有注意之習慣，不但能學習，於生活之利用上亦甚便也。

無意的注意於教授上所最要，何則？此自對教材之興味，自然而發者故也。對年幼者不可不利用之，而使起有意的注意，則教授最終之目的也。

欲練習注意，當先留意于注意之要件，即（一）去其妨害，即去外部之惹視聽者，及内部之雜念，此學校管理之所以重要也。（二）欲使其氣力充實，當使營養不乏，而心不疲勞。于午前之第一時間，及每時之前半，能堪困難之業。（三）欲使事物有興味，當使其事物適于兒童之心力，而分量不多，及教授之方法得其宜。若事物自身不甚愉快者，教員談話、舉止之活（特）〔潑〕〔一〕，亦能使兒童感其愉快。（四）變化有喚起注意之效，故於教材當以直觀的事物與思考的事物相交代，於教式上當以問答與講義相交代。（五）律者，注意之本性，在一週中一日中，又一教時中，注意之張弛相交代。故當使教授之事物，難易相交代。

第七章　行　　爲

步行、跳躍等之動作，雖爲有意的，然但爲筋肉之運動，不能謂之行爲。若此等爲某目的之手段時，始爲行爲。而得加以道德的判斷，故下行爲之定義，曰行爲者，達某目的之有意的動作也。

故行爲必有目的，時有一行爲而有二三目的者。例如罰兒童時，其目的在與之以苦痛，然其最終之目的，則在彼品行之改善。二者皆此行爲之目的，謂之曰志向。而志向之中，爲其行爲之最終目的者，即動機也。

吾人之行爲不依外部之强迫，而唯以自己之意志，從某動機而發者，謂之曰自由之行爲。此由爲與不爲，其選擇決定，一存于自己故也。就此等自由之行爲，吾人不得不負其功罪，名之曰責任。

行爲中有動機雖善，而結果却惡者。例如濫于布施是也。此其動機雖在于愛人，然其結果却導人于怠惰。又有動機雖惡，而結果却善者。例如侵略者因自己之野心私欲，而拓疆土，起戰爭，其結果却助文明之進步是也。由道德上觀之，必動機、結果皆善，始得爲眞正之善行也。

人之行爲據一定之原理，而統一確實而不變時，謂之有品性之人。蓋人之行爲時而正善，時而陷于非者不少，此由其品性之未確定故也。孔子曰："從心所欲不逾矩。"此由品性之確實成立也。

有品性之人必有最高原理，以爲其行爲之準繩，而常從此原理所分出之許多主義，以律其行爲。若其原理、主義屢屢變更，則品性不免破壞。故欲確守行爲之原理，不可不研究倫理修身之學。

品性之成立必須習慣，故品性可謂之習慣之團體也。蓋習慣者，若於身心上穿一定之溝渠，以使行爲易向某方向而發，故或謂之意志之記憶。但此習慣若固結而不可拔，則或流于保守，而無進取之氣象，故又不可改造習慣之凹凸力。盧騷所謂兒童須有"不得何種之習慣之習慣"，雖爲極端之説，然吾人亦當知宜爲習慣之主人公，而不可爲其奴隸也。

品性之修養，教育之最高目的也。而品性以感情、知識爲其基礎，故其修養之方法，亦極艱難且複雜也。今略舉其方法：（一）父母、教師之意志之堅固，及其行爲之統一，自足以感化兒童。且社會之風儀，其對兒童之效亦著。（二）然不但模範而已，非授以指導行爲之實行的原則，則不能有確乎之根柢。此修身教授之所任，而國語、歷史亦補助之。（三）實行的原則，當使深徹于心情，不但使知之而已，故當使之與感情相連結。（四）於兒童之訓練，其初當用命令禁止，施賞罰以獎勵其實行，漸任其自由，以使明義務、責任之觀念。又使兒童自受其所施于人者之結果，而反省之，於某範圍內亦必要也。（五）習慣者，於成立品性時所不可缺，而由反復與一定而得之。且當就兒童之習慣，維持養成其善者，而破壞其惡者。其善者如勤勉、清潔、守禮、真實等，不善者如虛言、殘忍、不潔、不秩序等。所謂兒童矯弊論者，乃研究兒童不善之習慣，而以改善之爲目的者也。（六）品性必於實際生活中始得完成之。以其在社會之激浪中，最能修養故也。故品性之完成，實人之終身之事業，而望之于若干之歲月者，誤也。故於教育之年限內，以使兒童有後日能教育自己之能力爲主。（七）人人各有其個性，故教育者亦不可不注意此點，以養成其所長，而補益其所短也。

校勘記：

〔一〕據文意改。

第五（編）〔篇〕[一]
個性及自我

第一章　個性及禀賦

　　一切人類於其精神生活上，雖有普通之性質，然各人又各有各人之特性。一人之精神決非其他人全同者，如此使各個人之精神生活，得與一切他人區別之特性，名之曰個性。

　　個性一部由本來之禀賦，一部由精神生活所受種種之影響而成立者也。而禀賦一面由遺傳之法則，於人種、民族、家族等有公共之點，一面於父子、兄弟間，尚有全不相同之點。至人之精神上所受之影響，自有生以來，既因自然上社會上境遇之不同，而性質亦異。既如《心意之發達》之章所述矣，各人依此二要質，而構造其個性。

　　禀賦中有健全的精神與疾病的精神之別。在精神健全者之禀賦，知、情、意皆顯著，然亦有傾于知識者、强于感情者、堅于意志者之別。即同一傾于知識者，其中亦有種種之別。即知識的人，有直觀的、記憶的、思考的之別。又感情的人，亦有感應的、情操的、主我的、同情的之別。更就意志言之，有衝動的本能的者，有思慮的者，有長于禁止的方面，或傾于敢爲的方面者。此等區別，不能具舉。以上但就心的現象之内容言之，若考其發動之形式，則關强弱、遲速，亦有種種之差別。

於疾病的精神之禀賦，大抵由于身體機關之缺點，如盲啞等是也。又雖有完全之覺官，而心力薄弱者，有乏于思考者，有短于記憶者，有缺注意力者，有易怒者，有傲慢者，有濫欲得物者，有詐僞者。此等半由境遇之不良而起，然禀賦中有此等缺點者，亦非無之也。

男女之禀賦大抵相異。男子長于思考，意志堅固，又不易爲物所感動。女子反之，短于思考，而長于直觀，又易爲物所動。又其思考止于目前，而無堅忍不拔之意志。

謂一切人類得由教育而一樣發達者，此信教育之萬能，而不察人之禀賦者也。謂不施教育而人自能完全發達者，此不知教育經驗之效者也。就實事言之，則教育實於某範圍内，能使禀賦之善者完全發達，又有抑制其不良者之力，此教育之所以當重也。然不察禀賦，而但恃教育之力者，亦未始無誤。故教育家當知兒童之禀賦，於教授時對一學級之兒童，雖用同一之材料，然此際教師當對禀賦之薄弱者，而不期其過分，使禀賦之豐富者，不苦于無爲。於是當以容易之問題，使前者答之，而使後者答其難者。又不易理會之事，當先試之優等者，而使劣等者效之。要之，向劣等之生徒，尤要特別之忍耐與注意，決不可視爲愚物而遺棄之。蓋教育當極虛心以觀兒童之心性，從其特性而處理之，不用意于此，則訓誡賞罰均無效也。

　　兒童之疾病的缺點之教育，雖爲近時所注意，然猶未達十分之域。知力上、道德上之疾病的缺點，亦如盲啞然，非施以特別教育，不能奏效。即令不能，亦當加特別之注意，刺激之而使生其興味，發其注意。又使收其放心，而起其熱心。且一切事物，皆以直觀的、理解的方法授之，而使之緩緩進步。如新入學兒童，初視爲不良者，加以此等注意，則能與普通之兒童無異者，往往有之。

　　由男女身心之相異，故古來即以男治外、女治内爲本分。教育亦當以使男女各盡其本分爲目的。故女子之教科，當比男子輕易，而以適于女子者附加之。其於訓練，男子以勇壯、慎重、決斷爲主，女子當以慈愛、柔順、優美、貞淑、羞恥爲主。故如此男女各要特別之教育。故除其最初期外，當分別施之。

第二章　氣　　質

　　禀賦之中，其關于感情者，謂之曰氣質。心理學上自古甚重視之，蓋感情之本原的傾向，與人之精神生活以特色，其影響及于才能、品性之上者甚不少也。

　　斛倫從希朴格拉底斯所說四種之血液，而分人之氣質爲四種。雖屬古代之說，然今日猶採用之。其所謂四種血液之理論雖不可維持，而四種之氣質，學者大半所承認也。此區別之根本，在受刺激後興奮之度如何，即在興奮之强弱與遲速。

　　一、熱性（膽液質）　　　强而速

　　二、冷性（粘液質）　　　弱而遲

　　三、鬱性（神經質）　　　强而遲

　　四、浮性（多血質）　　　强而速

　　熱性之人，其感于物也强而且速，故進步的而忍耐敢爲也。冷性之人，不易爲物所感動，即令感之，未幾即復其故態，有漠然不以世事爲意之狀。鬱性之人，不易感于物，然既感之後，則有死而後已之氣概。浮性之人，易感易決，然無堅忍之力。

　　以上四種爲原形式，各人不能與之恰合，故有熱性而兼鬱性者，有浮性而兼熱性者，其區別甚多。

　　不但各個人之氣質有以上之區別而已，即在一個人之生涯中，亦由年齡而氣質各異。即人自幼至十四五歲，富于浮性。自此至二十四五歲，則自浮性而遷于熱性之過渡也。自二十四五歲至五十歲，爲熱性之時代，人生之事業，于此時爲之。而五十歲以後，則爲冷性之時代。然此不過大體之區別，非人人如此也。

　　又就男女之區別觀之，男女多熱性與冷性，女子多浮性與鬱性。故男子一面有生氣，一面有慎重之風。女子能處小事，且厚于情。

　　更就民族之別觀之，則德人熱性，英人近于鬱性，法人浮性，而我中國人則近于冷性也。俄人混冷性之熱性，日本人近于浮性。

　　吾人雖不能變化氣質，然得由教育而改修之。種種之氣質皆有美處與缺點。熱性自其善處言之，則有堅忍、勇敢、熱心于事務之風，其過則流于橫恣傲慢。冷性之美處，在謹直和平，其失則爲冷淡、頑鈍、不活潑。鬱性之美處，在着實而厚于信義，及有永不忘恩之美德，其失則爲鬱憂、狐疑，視小事爲大事。浮性之善處，在淡泊爽快，巧于思慮，而熟于交際，其失則流爲輕薄不可恃之人物。教育者不可不導兒童于其氣質之善之方向，而防其流弊也。

第三章　自　　我

　　人之個性，萬有不齊。一人之所感覺所知覺所想像所思考，其所抱之思想，所有之好惡，所計畫之事業，無相同者。而各人之現種種心的現象也，除有精神病者外，此等現象非互相分離，而互相聯絡統一，以歸于一中心者也。易言以明之，各人之心的現象皆自一中心發者，而此中心即自我也。

　　抑自我之觀念，幼時既有其萌芽，其初以身體爲即我，而此身體可以五官直觀之。又觸之則與我以抵抗，於是漸知身體之尚爲外物，而悟自我乃知感欲之主體。如云"我思如此""我欲如此"等，則此等心的現象，皆我之所爲也。然人自幼年至成人，或因地位、境遇之不同，而其思想、感情、志趣亦變。於是一時期之自我，與他時期之自我不同。此之謂經驗的自我。而經驗的自我雖如此變更，然其中自有始終不變者在，即吾人自少以至今日，思想雖進，地位雖異，然我之爲我之本體，依然存在也。此之謂純粹之自我。若無此自我，則人之一生涯乃散漫不統一之物，今日之我已非昨日之我，而義務、責任之觀念，全歸于無意味也。

　　吾人之知自我也，謂之自覺。此與外部之知覺及內部漠然之感情異，而認識自我之存在者也。此自覺自兒童認外物爲外物時，已發其萌芽。至知自己之外，他人亦各有他人之自我，以與己之自我相區別，始得明瞭者也。但明瞭之自覺未現時，其感覺、感情中，既有自他之別，但甚曖昧，故不能稱之曰自覺。

　　自我有自由之力，以自選擇自決定者也。若爲外部之勢力或自然之衝動所刺激，而不能不動，未足云自由也。故不可不使自我獨立確定，而能抵抗外來之刺激。

　　各人純粹之自我，稱之曰人格。此使一人有恒久之生活，而統一時時刻刻之生活者也。精神未發達之兒童及狂人，其精神中無此統一性，故無純粹之自我，亦無人格。道德唯有人格者始得達之，故父母、教師當使兒童備一個之人格，而使之早悟義務、責任之意義。特如彼等以前之言行，與現時之言行之間所起之矛盾，不可怠于指摘之，以養成其堅定之人格。

結論　教育與心理學之關係

就教育之目的，古來有種種之説，然其所歸，在使人之身心諸能力調和而發達，以達真善美之域，又得完全營個人的生活及社會的生活。

教育之對象爲人，而人有身心二部，故教育先分爲體育與心育。而心有知、情、意三相，故心育又分爲智育、情育、意育，故教育者即體育、智育、情育、意育也。故身體健全，及知識、感情、意志之調和發達，此定教育之目的時，所不可不察也。

真善美，人之所以爲人所不可缺，故科學、美術、道德、宗教，人生必然之需要也，此亦定教育之目的時所當察也。

人非能離群而索居，必爲家族、州縣、國家、世界中之一員，而始得以生活，是亦定教育之目的時所當察也。

如此教育之目的，得由種種之見地觀之。然常本于人心之上，故不可不加以心理學之研究。此定教育之目的時，心理學所以不可缺也。而教育之目的，亦由倫理學、國史、社會學之研究而定，心理學不能獨立當之。

教育之目的如上所述，至達之之方法，則可分爲身體之養護，知識技能之教授，及心性行爲之訓練。而身體之養護，當据生理學之理法。教授及訓練，不可不据心理學之理法。故教育之理法，其大半當於心理學之理法求之。故心理學之於教育，有極大之關係也。

校勘記：

〔一〕据上下篇章改。

教　育　學

海寧王國維述

第一篇　緒　論

第一章　教育之意義

教育之語，雖今日一般用之，然精密考察其意義者殆稀也。世人或以教育但限于授算、讀、寫作之知識、技能，而學校但爲授教科之地者，或以教育爲但於學校施之者，皆不知教育之真義者也。教育真正之解釋如左，曰：

教育者，成人欲未成人之完全發育，而所施之有意之動作也。

從如右之解釋，則父母欲其子爲良人時所施之訓誡，及教師啓發生徒時之教授，皆教育之作用也。然無心於教育之作用,雖于冥冥之中助良童之發育,不得謂之真正之教育。例如因自己之便宜,而使役兒童,兒童雖可因之而得某種之技能,然不可謂之教育其兒童也。

附言:博士休曼説德國語之哀爾棲亨(Erziehen,即教育)之字義如左:

一、哀爾棲亨有"導之向上"之義,即導兒童之身心,使完全其作用,以達一定之目的者也。約言之,則導兒童使向成人而終爲成人者也。

二、哀爾棲亨又有"引去"之義,即引去兒童身心上不宜之抵抗是也。此等抵抗之原因,由于外界之事情及心身之薄弱,或生而有不善之稟性者也。

英語之哀投開馨(Education),出于拉丁語之 Educare 及 Educere,亦"導出"之意義,與德語略同。

其在中國語,"教育"二字始見于《孟子·盡心篇》。教者,令也,此從教者之方面言之。《淮南子·主術訓》"行不言之教"。又效也,《廣雅·釋詁三》,又《白虎通·三教》《元命苞》及《三蒼》皆云。此從受教者之方面言之。育,養也,《易·象上傳》虞翻注,《詩·周頌》鄭箋,《爾雅·釋詁》等。長也。《書·盤庚》孔傳,《詩·谷風》及《生民》毛傳等。由此觀之,教育之義之如何廣,可推而知也。

第二章　教育之目的

　　教育之目的,就廣義解之,不可不以人類生活之目的爲其目的。然就此目的,諸家之説各異。海額爾及海爾巴德以道德爲人類唯一之目的,如身體及知識,不過達道德之手段耳。現在教育家中,左袒此説者不少,然從佛蘭利希之折衷主義者,以此説爲極端。其言曰:

　　　　以道德爲教育之最高目的,固自無誤。然以此爲唯一之目的,則極端之説也。身體及知識不但爲道德之方便,其自身有獨立之價值明矣。

　　蓋人有身心二面,而心意中又有知識、感情、意志等種種之現象,故唯以其一部分爲教育之目的,不可謂之妥也。道德者,人之所以爲人之要點,教育之力不可不專注于此,而視爲最高之目的。然他部分亦人之所以爲人之一成分,故不可不加之于目的中也。

　　再細察教育之目的,即離人類一般之目的,而自特別之事情觀之。第一,不可不考本國之國體及歷史,而以養成適于國體之良國民爲目的。第二,不可不依一個人之天禀,而斟酌其

目的。然天禀必非限其將來之發達，又非教育者所能精密豫
知之。故若太泥于特別之事情，反有害兒童之發達也。

第三章　反對之教育主義

欲深解教育之目的，不可不就古來所有反對之教育主義
説明之。

一、理想主義與實利主義。理想主義者，不注意于兒童
將來所從事之職業，而唯以養成善良之人物爲目的。此主義
高尚教育之目的，又使教育之事業不局促于實用之範圍內，然
過重此主義而不顧其他，遂養成不適于實際之人物。

實利主義，則教育兒童而使成有用之世俗的人物，即其目
的不在理想而在實用也。近時所稱道之實業教育，亦屬此主
義。欲使教育着實及增進國之富源，固當依此主義，然失之太
過，往往害兒童之自然。

二、個人主義與社會主義。個人主義者，以一個人爲目
的，而以其對社會、國家之關係，置之度外者也。即謂因社會
之公益而施教育，寧爲政治上之問題，而屬于教育之範圍外。
此説對極端之國家主義雖有所糾正，然亦矯枉而過其直者也。

社會主義反是，即不顧個人之權利，而唯以社會之公利爲
目的。其陷于極端者，則視個人不過社會之一器具，因之失教

育之本義。

三、自然主義與人爲主義。自然主義以人之自然之性爲善良，教育但當助自然之發達，而決不可加以人爲。固執此主義者，不知自然之亦有缺點者也。

自然主義之反對曰人爲主義，即欲依人爲之方法，而陶冶人之性質。此主義往往有不顧兒童之天性之弊。

此外，極端説之相反對者，有温和主義與嚴肅主義；有知育主義與德育主義，皆不免偏于一端。欲求善良之教育主義，在於此等反對主義之中點，立不偏不倚之主義。博士克爾希奈爾曰：

> 正當之教育主義，當如雅里大德勒之道德説，調和反對説而得其中庸。教育之病，多在偏于一端。可謂適切之言也。

第四章　教育者

兒童最初之教育處爲家庭，而其教育者父母也。父母之當爲兒童之教育者，人之自然也。殊如母以自己之懷抱爲幼兒之床，以己之乳汁爲其食料，故于身體之發育上，可不待論。其對幼兒之言語、感情，而加以感化者，甚顯著也。父母之外，祖父母、兄姊、乳母等，亦教育之開始者也。然但有家庭之教育，不能全教育之功用。父母雖適於爲訓練者，然不甚適于爲教授者，於是不得不受以教育爲專職之教師之教育。

教育所不可缺之資格，成人也。即須以身心成熟，而于社會上處獨立之地位者爲之。克爾希奈爾云，不至二十五歲，不適于爲教育者也。

第五章　被　教　育　者

能受教育者，唯人類耳。如禽獸不過飼養之，而不能教育之。蓋教育之事，非施諸有靈知者且能自由發達者，不能見其效。動物雖有劣等之體欲及感覺，然無理性，故其發達限于極狹之範圍內，不能如人類自由之發達。此教育之所以獨存于人類也。

受教育者以未成人者爲宜。蓋人類有發達之時期，（遇）〔過〕[一]此時期，則品性已定，教育不能與以感化也。

第六章　教育之始終

教育當自何時始乎？從斐奈楷之說，則謂以兒童之對其行爲而有道德上之自覺時爲始。或謂幼兒在母胎內已受教育者。二者皆極端之說，寧以生于世之日爲始，爲適當也。

教育當以何時終乎？有意之教育，非終身所必要，故教育當逮兒童之達成人，即二十四五歲爲止。此後雖非無要教授、勸誡之處，然固有之教育已不可施之。蓋成人以後，當使獨立而各自爲教育者，以繼續其自己之教育。若逾自然之制限而干涉之，反損其獨立之性質也。

第七章　教育學所當究之事項

教育學者，以科學的方法，研究一切關教育之事項者也。此學之材料，一取諸他科學，一取諸實際之經驗。今分其當研究之事項如左：

第一，教育人類學：（一）教育人體學；（二）教育心理學。

第二，教育方法學：（一）衛生；（二）訓練；（三）教授。

校勘記：

〔一〕據槇山榮次著《新説教育學》（金港堂 1897 年版，以下簡稱日文本）改。

第二篇　教育人類學

第一章　何謂教育人類學

教育者不可不就所教之兒童而精密研究之，此種研究即教育的人類學也。人有身體及心意二部，故教育的人類學，自分而爲二。其研究其有形的身體者，謂之教育的人體學；其研究無形的心意者，謂之教育的心理學。今欲說明其各部，不可不先說人之所以與動物異之理由。

第二章　人之所以與動物異之理由

人之所以與他動物異者，以其有理性故也。人由理性，而始得知自己，知萬物，而啓發理性及使之明瞭確實，則非教育不可。理性先與劣等之情欲戰，而情欲實先理性而生，其勢甚盛。理性之欲克之也，亦甚難。對此戰爭而助理性者，唯教育耳。教育由種種之方法，而養成高尚之感情，使理性立于情欲之上。要之，人類所以優于動物者，以其心意也。則身體與心意，雖共爲教育之目的，然不可不以心意中之理性，爲教育之主眼。

第三章　教育人體學

第一節　此學之區分

教育人體學與一般人體學同，分爲解剖學及生理學之二部。解剖學示身體各部之構造，生理學示各機關活動之法則者也。依此二學，分人體之裝置爲三種，即運動裝置、營養裝置、神經裝置是也。

第二節　運動裝置

人之身體，一種之運動器械也，而其組織與活力，雖精良之器械無以過之。此器械亦如一般之器械，得分爲二部：一受動的器械，一他動的器械。骨、靭帶及關節，屬第一種；筋肉與運動神經，屬第二種。而人體亦如蒸汽器械，即各部分不可不連結。又其活動也，不可無熱，而欲生此熱力，不可無必要之材料，以供其燃燒。此材料支持器械之活力，并補償其損失之分量者也。活動之後，必須休息。不隨意之機關，如心臟、消化器、呼吸器等，其活動常間斷的也。故吾人有意之運動，亦不可不與休息相交代。

<h2>第三節　營　養　裝　置</h2>

吾人體中之勢力，如世間一切活動，不可無材料。於是身體各部有代謝作用，即收取必要之材料，而排泄其無用者。掌此作用者，即營養裝置也。身體必要之材料，爲養氣、水、小粉、蛋白質、脂肪、砂糖、鹽類、石灰、鐵、硫、磷等。此等材料，一部由吸息，一部由飲食供給之。飲食物在消化器中，依分泌液之補助，而變爲血液。血液以其所含之材料，輸送于身體之各部，且流去其無用之部分。又養氣與無用之部分相化合而生燃燒，由是生生活上必要之體溫。

<h2>第四節　神　經　裝　置</h2>

身體之各機關，依神經系統而統一之。吾人由之以知外界之現象，又生運動者也。神經系統之中心有三點，腦髓、脊髓、神經節是也。感覺神經，以身體各部所起之刺激，傳諸中心。運動神經反之，以中心所起之興奮，傳諸身體各部者也。

而興奮之自腦來者，其所起之運動，謂之有意的運動。

　　神經之全系統分爲二種：一動物的系統，一植物的系統。前者管理心意之諸現象，後者無意識，而管理不隨意之運動者也。此二者又得各分爲二種，即動物的系統，可分爲感覺的系統與運動的系統；植物的系統，可分爲脊髓系統與交感系統。

第四章　教育心理學

第一節　幼兒之心

　　幼兒之心亦如成人之心，但未發達耳。故有知、感、欲三種之狀態，與成人同。吸乳汁而覺快味，是感也；能分別母與他人，是知也；見乳房而近其口，是欲也。此三種之心狀，互相關係而不能相離。近世有以此種心狀，各爲一種之能力。如四肢之於身體，爲獨立之作用者。然自海爾巴脱之觀念説及裴奈楷之感覺説既出，能力説大抵爲心理學所不取也。

第二節　感覺及知覺

　　知之始，感覺也。幼兒生而無何等之表象，即觀念。其爲外界所刺激，而作種種之表象，與鏡之攝物影無異。外物之刺激五官，而生單純之表象時，謂之曰感覺。感覺集而造複雜之表象，謂之曰知覺。此等表象乃心之元質，而爲其發達之基礎也。兒童之初年，以觸接外界，而採集心意之元質爲主要之動作。

第三節　表象之再現

直接受外物之刺激所生之表象，即知覺，非時時現于吾心，時過則匿其形者也。然若遇喚起之之事情，則再浮于心面，名之曰表象之再現。表象之再現也，有三種：一依類似律，一依接近律，一依因果律。

再現之表象之仍保其原形時，謂之記憶；變其形時，謂之想像。

記憶有三種。第一謂之器械的記憶，即不問理解其所記憶之事之意味與否，唯以甚相接近之故，而器械的聯絡之者也。第二謂之理解的記憶，理會其意味而記憶之者也。三曰人爲的記憶，以人爲的方法，連結本無關係之表象，而保存其偶然之關係者也。

想像有二種，一曰受動的想像，一曰自動的想像。受動者，如聞他人之談話或讀書時，吾人在受動之地位，而想像其所談所記之事物者也。自動反是，自我之意匠所構之想像也。於地理及歷史，想像未知之地方及往古之人物，屬于前種；于作文及工夫畫，自兒童之意匠所想像者，屬于後種。

第四節　類　化

外物之爲我之知識也，有三階段。第一刺激覺官而生感覺。然吾人所感覺者，未必悉爲心之所有。例如專心讀書時，種種之聲確刺激于吾耳，然不暇究其爲何聲，亦不知其何自來。必加以注意，而考其爲何聲，來自何處，則感覺始得爲我之所有，此之謂知覺。此第二階段也。然吾人所知覺者，未爲吾人完全之知識，於是乎有第三階段，即再現舊表象之與新表象有關係者，而與之融和，此即類化作用也。兒童之觀察新物而知其爲何，以其與既有之經驗類化故也。

第五節　思　考

思考，整理直觀所生個個之表象，而定其相互之關係之作用也。就其形言之如左：

（一）自個個之表象，抽出其類似之部分，或遺其不類似之部分，而作概念。

（二）連結個個之表象與概念，或連結概念與概念，而生斷定。

（三）連結斷定與斷定，而生推理。

茲舉其一例如左：

　　　　教育者，社會之改良者也。

　　　　教師，教育者也。

故教師，社會之改良者也。

概念、斷定、推理三者，其形式雖不同，然由心理上觀之，共歸于同一之作用，即整理所得之表象，聯結其相同而區別其相異者是也。

兒童之思考之作用，亦早發現。其習言語之後，見類似之事物而應用之，此即思考之作用也。然幼時之思考，但比較目前有限之事物而爲之，故其作用不免粗笨，故教育者不可不導之使爲精密之思考也。

第六節　感　情

感之始爲身體上之苦樂，例如食果而感快，嘗苦味而感不快是也。幼兒其始唯有身體上之苦樂。然至智力發達，而有種種之表象，則由此表象而生思想上之苦樂，名之曰情緒，如悲、喜、怨、怒、悔等是也。

情緒之中，推察他人之苦樂而感之者，謂之曰同情，如小兒見他人泣而亦泣是也。文王視民如傷，亦不外同情之作用。情緒之高尚者，謂之曰情操。其由美醜而生者，謂之曰審美之情；依知識而生者，謂之曰知識之情；依善惡而起者，謂之道德之情；對神明而生者，謂之宗教之情。

教育不可不以裁制下等之感情，及養成高尚之感情爲務。

第七節　欲望及意志

　　人之欲某事物也，不可無其事物之表象。不浮于我心者，不能爲我之欲望。又雖有表象，而於吾人無價值者，不能生欲望。價值者何？無他，伴以苦樂之感情而已。一片之土塊，不足以動吾心，其對我無價值故也。則欲望不可無表象與感情以先之。然欲望之不完全者，如饑渴、睡眠，自身體上之必要生者，殆無表象以先之，名之曰體欲，又曰衝動。

　　欲望若但望某事物，而未有達之之手段，則唯謂之欲望而已。然若信有成就之手段，而欲實行之，名之曰意志。意志若依同一之主義，而前後不相矛盾時，謂之曰品性。養成善良之品性，教育最高之務也。

第五章　教育期之區分

　　人類之生活期，亦如植物、動物，可分爲三期，發育期、成熟期、衰弱期是也。而教育期當與發育期相同，既如第一篇所論矣。發育期自生時至二十四五歲止，然女子比男子約早三四年。其中又可分爲三期：

　　一、幼兒期。即自生至六七歲，即換齒之時也。此間又可分爲二小期：（一）哺乳期，即一歲以内。此時植物的生活

最盛，身體各部皆極軟弱，感受性極强而生長甚速。（二）游
戲期。幼兒至此，能獨立步行，學言語，其腦質脂肪少而水多，
至七歲而漸堅固。其期大抵因自由之游戲，以廣其經驗，然尚
未能就有秩序之課業。

二、兒童期。即自六七歲至十四五歲之間也。當此時，
各種之天禀已大抵發達，身體亦壯。好游戲之心雖猶有之，然
漸讓步于好學心。其入小學在此時期也。此時兒童之心，最
渴望材料與動作，記憶力亦强，名譽之心亦漸發生，而可應用
稱讚與非難。

三、少年期。即自十四五歲至二十四五歲之間也。此期
身體之各機關已完全發達，能保持各部之調和。生徒依前期
所得之材料，而自己思考之，又漸有自制獨立之力。

第三篇　教育方法學

第一章　教育方便之種類

　　教育之方便有三種：增進其身體之生活，必由衛生；堅固其道德的生活，必由訓練；長其知識，則由教授。然此三者相依相助，而不能相離者也。衛生雖爲體育之主要方便，然欲奏其功，不可無節制，勤勉諸德，又不可無衛生之知識，故必借訓練與教授之助。于訓練時亦然，非由衛生以健其身體，由教授以得道德之知識，亦不能達其目的。就教授言之，亦非由衛生及訓練之助，而于身體及心意上有必要之能力，則教授亦屬無效。要之，三種之方便，必互相統一，然後可達教育之目的。就時之次序言之，則衛生最早，訓練次之，教授又次之。然非教授始而衛生與訓練即告終也，三者當并行而相助，既如上所論矣。

第二章　衛　　生

第一節　營養裝置之衛生

幼兒之身體，當與以必要之營養物。

母之乳汁，幼兒第一年最良之食物也。此時之食物決不可複雜，至換齒時期，然後可與以一般之食物。

兒童所嫌忌之食物，不可强使食之。

食物之分量，當與身體之需要及消化器之勢力相應。

小兒之食事，其度數不可不較大人多，而每度之分量不可不少。

於兒童之食事，當立一定之規律。

食之前後，不可使其身心活動。

飲物之節制乃一種之道德，不可不養成之。

兒童所吸之空氣，必以新鮮爲宜，故當流通室內之空氣。

空氣過暖，則使身體柔弱，故教室內適當之溫度，以法倫表六十度上下爲宜，又不可急遽變其溫度。

當使屢爲深呼吸，又當有秩序之運動，以練習呼吸。

當使洗拭身體，清潔皮膚，無使血氣之活動停滯。

第二節　運動裝置之衛生

欲使筋肉增其勢力，且爲心意之僕隸時，不可不十分活動。

運動之分量，及運動與休息之交代，必不可不適當。

各筋肉不可不悉運動，即手腕、身足之筋肉，依由游戲、體操及此外全體之運動，手之筋肉，依圖畫、習字、手工等，發聲器之筋肉，依説話、唱歌等而練習之。

第三節　神經裝置之衛生

覺官之刺激，不可過弱，亦不可過强。例如，强烈而神速之光綫與朦朧之光綫，皆有害于眼也。

覺官當使清潔。

使用覺官不可過久，過久則有使之痴鈍之慮。

欲多面領受外界之事物，當練習一切覺官。

心意之活動，即腦之使用，當由漸而多，其始以少爲宜。

心意之活動，必間以適當之回復時間，即于教授時間中，當插以休息時間。

睡眠之分量，當依年齡而斟酌之，即年少者比年長者不可不多眠。

已就眠之兒童，不可亟呼之使起，急遽則恐攪亂神經之作用。

就眠之前，不可爲身心上激烈之活動，不然則使睡眠不安。

畫間當使兒童十分活動，則夜間自能酣睡。

注意：衛生上詳細之研究，讓諸衛生學。右之所述，唯摘記其梗概耳。

第三章　訓　　練

第一節　訓練之意義

道德者，教育之最高目的，故教育之方便，皆不可不達此目的。然管轄幼兒之心意者，非道德的意志，而自然之欲望也。故教育者當整理此欲望，以使漸進于道德，即于一面依教授以養成道德之思想，一面依訓練而教育兒童之意志。教授之對道德爲間接，而訓練直接也。今下訓練之定義如左：

訓練者，欲導兒童于道德之生活，而加于兒童之意志之直接作用也。

第二節　訓練之種類

家族及學校之生活，至龐雜也，因之教育者與兒童之關係，亦至複雜。故訓練時所當行之手段，亦甚多也。

今舉其第一手段,即使兒童領受善,以爲道德上之要件是也。善於一面依示例模範。直現之,一面依言語領受之,然不可但以知善爲足,必以行之爲務。又使兒童行善,同時又不可不防其惡。其手段如看護、習慣及作業等是也。最後,當使其好善惡惡之念日益鞏固。此時所需之補助手段,賞罰是也。

第三節　示　例

灾爾列爾揭爲教育者第一之要件如次,曰:"教育者于其所望于兒童者,不可不自踐之;其使兒童爲之者,不可不自爲之。"此可謂以一語道破教育者之資格者也。苟欲使他人善良,自己不可不先爲善良之人物。示例之感化,其力比之他種教育作用,實甚大也。

兒童之模仿力極强,見其所尊敬、親愛之人之行爲,則已欲爲之。示例者以善行示之于目前,其確實非喋喋施訓誡之比。且命令、勸告等,非兒童稍生長而解事物之後,不能施之。示例則不然,自襁褓之中,已不識不知,而與以强大之感化。羅馬哲人珊奈楷論示例曰:

言語教之,示例破之。

依教訓久長而少功,依示例短而有效。

此之謂也。示例之最早者在家族,而母又其中心也。斯邁爾斯曰："賢良之母，一家之磁石也。"母之占教育上重要之位置，以是可知。教師之示例亦極重要。教師平日之爲人，所及于兒童之感化，比之教訓、命令等，其效甚大。

其次，學友之示例，亦有效也。所謂學風者，不外學友間之示例，故教師當率先示全校以良模範，而作善良之學風。

第四節 言 語

言語依兒童之年齡性質，及一時之情事，而變其形式者也。對幼年之兒童，多用命令、許可、禁止等。對年稍長者，則以勸告、戒諭爲主。又有時用承認之形式，有時用非難之形式。所期于訓練者，運用此等形式，而操縱得其宜也。

一、命令及許可、非拒

命令有命以某事當爲，及命以某事不當爲之二種。其必要之條件如左：

（一）命令不可不爲道德的且合理的。即命令當從道德之原則，決不可出于一時之任意，又不可不適于兒童之能力。

（二）命令不可不統一。即父母、教師所命令者，當本于同一之主義，而不可彼此互相衝突。又一人之命令，不可因時因地而自相矛盾，欲謀命令之統一，當於熟考之後發之。

（三）命令之形式宜簡單而明確，又同時不可不帶好意的音調。

（四）命令不可不節其數。多用命令，則使兒童之自治心不能發達。

命令之大體，須集之而爲規則，使兒童預知之。規則以爲兒童所預知之故，故其服從之也，較一時之命令易。

許可及非拒，乃對兒童所提出之事，而許之或拒之之作用也。此際之許與拒，亦須確實合理，且含愛情及好意。對兒童之正當提出者，以冷笑、輕侮拒之，大不可也。

二、勸告及戒諭

及兒童稍長，漸辨事理，則當少用命令，而代之以勸告，以使兒童達道德上之自由。勸告者，讓兒童之意志，自思慮之而決定之，以向于道義者也。

若用勸告之法，而戒某行爲之不可爲時，謂之戒諭。勸告及戒諭，其判決任諸兒童，故比之命令及許可、非拒等，更有教育上之價值。然於兒童之意志未堅、知識未廣時施之，反害道德之發達。

三、釣語及恐嚇

釣語者，預言善行之快樂之結果以勵之；恐嚇者，預言惡行之苦痛之結果以戒之。用此手段時，不可不注意于下文所述之要件：

（一）釣語及恐嚇不可多用。夫行爲之結果，以兒童自發見之、自經驗之爲良。且教師若屢用釣語與恐嚇，則兒童必但依結果之利害而動作，而大失道德之本意。且釣語非所以買兒童之服從者，而以兒童之善意既存，更欲增其歡喜而用者也。

（二）預言賞罰之際，必不可不實行之。不然，則失教育者之威信，兒童有不奉其命者矣。

（三）鈞語及恐嚇，不可不爲道德的及合理的。即教育者之用此手段也，常不可不依良心。就無目的、無理由之事項，而用此手段，最不可也。

四、承認及非難

教育者承認兒童之善行而表其滿足，或非難其惡行，此二者皆訓練上必要之手段，而深其好善惡惡之感情者也。

承認者不必限于成功之行爲。雖稍有缺點而未盡成功者，若對其善意而承認之，而使知有成功之望，則自起興味。且示其意見之與兒童一致，大足以喚起兒童之熱心。

兒童若如何用力，而不能得教育者之滿足，則其熱心爲之痿痹，而教育失其生氣。然教育者之表其滿足時，不必用稱揚之詞，但用“可也”“是也”等簡單之語，或由顏色、音調首肯等，以表其意足也。稱揚過甚，則使兒童驕慢之心，非無弊也。又教師對一二生徒之稱揚，不可不節之。不然，則生他生徒之猜忌心，或疑教師之偏頗。要之，與他生比較而稱揚一生，或非難之，皆教育上所禁也。

非難若適宜用之，其效亦不少。其所當注意之要件如左：

（一）非難不可不正當。無謂或苛刻之非難，而喚起兒童之惡感情者，皆所當禁也。又加非難時，有當注意者，即兒童何故而生此過失乎。即其過在于己之命令之不明歟，或示例之惡歟，或教授之拙劣，訓練之不宜歟，皆不可不熟考也。若認兒童之行爲果可非難，則當注意于非難之不過度。

（二）非難時不可不含愛情。若用嘲弄的口調，或起激怒，甚有害也。

（三）非難不可陷于無力之哀懇。哀懇者，增長兒童之驕慢，失墜教育者之威嚴者也。

（四）非難之語須簡單，且不可屢用。若言語過長，則恐挑起兒童之反情。度數過多亦然，反復同一之言語，不如以顏色示意之爲有效。

（五）加非難時，當于他生徒不在時爲之。

第五節　習　　慣

於訓練時，不但以使兒童收得道德之觀念爲滿足，必使實行之。即當以道德爲一技能、一習慣，而與日常之生活不須臾離爲務。

幼年時習慣之範圍甚狹，且有形的也。及其生長，其範圍漸廣，且其性質亦漸高尚。即其初使其起臥、飲食、運動等，有一定之秩序，及有整理器物之習慣；進而養成其清潔、精勤、節制等之習慣；更進而使有誠實、好意、從順、沉着等之習慣。而養成善習時，一面又當去其惡習。去惡習比之養善習更難，故當于漸染未深之際，早處置之。

造習慣時，當使屢屢反復，而確實行之。則教育者當實行
善良之行爲，以示其模範。次依命令、勸告等，以促其實行。
最後當注意其果實行與否。其必要之條件如左：

（一）當早爲之。

（二）當不撓不屈以漸而進。

（三）目的未達時，不可放棄之；既達後，不可不維持之。

第六節　作　　業

茲所謂作業者，總稱一切有意之活動，而游戲及此外兒童
之所自行者，悉包含之。

兒童欲活動之意極多，苟能適宜養護之，不獨有益于身心
之發達，對道德上之訓練，亦大有價值者也。兒童之活動之欲
望，當由散步、游泳、游戲等無害之事滿足之。游戲防兒童之
惡戲，且以與他人共樂，得以養成其協同心及同情。故教育者
當與兒童以適宜之游戲，己亦入其中而誘導之。

游戲時所用之玩具，最宜注意者也。市上所販賣者，唯以
釣兒童之嗜好爲宗旨，其考教育上之利害而作者，殆無也。夫
以幼時教育之緊要，而以其所最愛之玩具，委諸營利者之手，
豈不危險乎？故教育者當自作玩具，以使適于兒童身心之
發達。

兒童漸長，則當自自由之游戲，而導之爲整然之游戲，如
紙細工、粘土細工等一定之作業是也。

于家庭及學校所爲之業務，亦爲一作業，而訓練上必要之手段也。夫怠惰者，諸惡之萌芽，當使自幼時不染此惡習。然所以課兒童之業務，必與其能力相應，使彼喜其成功。於學校之教授時，用適于兒童之材料，務使自悟之而自爲之。如此不但于教授上生有益之結果，於訓練上亦極有益也。

第七節　看　　護

防過失比之改過失也較易，而防之之方便，謂之看護。然看護不獨防其過失，又當使之行正義。兒童之身心上瀕于危險時，又欲使盡道德上之義務時，當加以看護之法也。

看護之必要雖如右，然行之過度，則害兒童獨立心之發達，且伴以種種之弊害。即於父母、教師之前，雖慎其行爲，然離其看護、監督，則忽爲惡戲，亦誤用看護之弊也。

行看護時，當多與兒童交際，共游戲，共作業，而於其間不知不識看護之。然亦有遇不得已之事，而必行純粹之看護者。又看護時，不可爲不當之處置，如秘密探兒童之惡事，或使學友互相告發，皆教育上所宜禁也。

第八節　賞　　與

一、賞與之目的

教育的賞與，乃使兒童之爲善行者，起喜悦之念，使益進而爲善行者也。夫於教育上所當養成之德行，在使兒童不問賞與之有無，而爲所當盡之義務。故與世間一般之賞與稍異，即與其謂之賞與，謂之表教員滿足之標徵爲適當也。則夫預懸賞而買兒童之從順者，固非賞與之本旨也。

二、賞與之必要

有反對教育上之用賞與者，曰："善者，唯爲善之故而爲之耳。依賞與而爲善，不得謂之眞善。故教育兒童而用賞與之方便，則但動其好賞與之感情，而失道德之本旨也。"此說固甚有理，然唯誤用賞與時，始有此弊耳。若其應用得宜，則可無此弊。且"善者爲善之故而爲之"之格言，非謂考其行爲所生之結果爲不可也。爲他人盡力而尚有餘地，則爲其自己計，亦何不可之有？則賞與而使思其結果之快樂，亦非可概斥之也。且兒童與成人異，成人能商量善之價值，不問賞與之有無而爲善，然兒童唯爲目前之刺激所左右耳。故父母、教師依特別之手段即賞與，以獎其爲善，亦不得已也。

三、賞與之性質及分量

賞與之性質，以自然爲貴，即須與行爲之種類相應，而使兒童思爲自然之結果。例如勤讀之後，許以休息及游戲。誠實之人，與以信用是也。兒童漸長，賞與之種類，亦當漸用精神上之物，如書籍及賞牌是也。賞與之教育的價值，非必依品物之良否，若授者與受者之間，充以親愛之情，則瑣末之物，反優于高價之物。

賞與之度，必不可不少。不然，則兒童慣于得賞，至爲賞與之故而爲善。故平時但以顏色或言語，表其滿足可也。

<h2 style="text-align:center">第九節　課　　罰</h2>

一、課罰之目的

賞與之反對，課罰也。課罰者，兒童之行爲有缺點時，欲戒其將來，而與以苦痛者也。兒童由課罰而悟惡行之苦痛，悔己之惡而自改之，此則課罰之目的也。

二、課罰之必要

盧梭以課罰爲不當之手段，而舉其弊害曰："課罰者，增長兒童之利己心，其避惡就善，唯爲懼罰故耳。破道德的自由，而得奴隷的習慣。名譽心日以失，對教育者之嫌忌心日以長，親愛與信仰之心亦因之而墜地。"然盧梭所言之弊，祇于煩苛不當之罰見之耳。若稀用之，則不至流于奴隷的服從。以親愛之情及熟練之法課之，則不至害師弟間之感情。及失其名譽心，不獨無此等弊害，且能使兒童由此而自知其過失，悔而改之，以更求教育者之滿足。然則課罰之弊，非課罰之罪，而在運用之方法不得其宜耳。且兒童非能因善之故而爲善，及因不善之故而不爲不善，故用課罰之方便而漸漸誘導之，亦不得已也。

三、課罰之要件

（一）教育者當豫防兒童之過失，而以能少用課罰爲務。

（二）兒童若有過失或不德之行，教育者當先自反省，而求其過失之原因，思量自己有致此過失之責任否乎。

（三）教育者當自修養其自制、温和、忍耐諸德，不然，則有亂用課罰之弊。

（四）課罰唯加于道德上之過失。

（五）課罰不可苛刻。

（六）課罰之種類，當與其所犯之罪相應，例如罰虛言以不信用是也。

（七）課罰當以兒童之性質，而加以多少之斟酌，然不可使他兒童有不公平之感。

（八）課罰當以熟考、自制、公平、熱心及親愛之情行之。

四、課罰之種類

課罰分爲三種：名譽之罰，自由之罰，及體罰是也。

行名譽之罰時，不可因此而消去兒童之名譽。用非難之言語，及示不滿之顏色，皆此種之課罰也。於學校下其席次，及使起立于一定之處等，亦屬此種之課罰。

自由之罰，對幼年之兒童有顯著之效力者也。如奪其散步時間，或于授業時間外，留之學校，而使攻課業等是也。但行此罰時所爲之課業，必須有益者。其不要而難學者，例如使暗誦無用之長文，大不可也。且毋使兒童以其課業爲課罰而嫌忌之，尤此際所當大注意者也。

就體罰之事，諸家之說不一。如地斯台爾威以此爲有害無用者也，謂："葡萄酒不能以荆棘造，善良之品性不能由體罰生。"開爾反對之曰："當訓育頑强之兒童，戒諭、恐嚇皆無效時，終局之手段，唯有夏楚耳。"然苟非萬不得已，決不可漫然用之也。

第四章　教　　授

第一節　教授之目的

教授之直接目的，在知識、技能之傳授。然但以傳授爲旨，則陷于器械的學習之弊。而但以得外面之知識爲滿足，所謂教授唯物論是也。如學校之以得知識之多少試驗兒童之學業者，及世人之由兒童得知識之多少而品評學校者，往往陷于此弊。教授真正之目的，在使兒童天賦之諸能力調和發達，而陶冶其爲人。則教授時不當以授觀念、造概念爲足，必由之以養成高尚之感情，興起善良之意志，以陶冶道德的品性。然但以陶冶爲目的，而不問其所傳授之實質如何，則其教授必疏漏，且不能達其所謂陶冶之目的。此即極端之形式主義也。蓋形式與實質，必相待而始奏其功，則依有益之實質，而爲有效之陶冶，乃教授之真正目的也。

第二節　教材之選擇

教授之材料，當由前節所述之目的定之，即一面須適于陶冶兒童之諸能力，一面授以一般國民所必要之實質的知識。

由此二要件考之，則教授之材料，當廣採各種之知識、技能。然修業之年有限，兒童之能力亦不能無限，於是不得不就種種之知識、技能，而商量其價值，選其比較上有益者而用之。且此材料必有益于國民全體者，採有益于特別之階級或特別之職業之材料，非普通教育之本旨也。然依地方之狀態，而兒童大都爲農家或商家之子弟時，則當加多少之斟酌，亦實際上所必要。然此際亦不可深入特別之教育，而付一般陶冶事業於不問。蓋深考特別之條件，易出于普通教育之範圍故也。

第三節　　教材之統一

教材之選擇，當廣涉于各種之事項，然其間必不可無統一。不然，則徒亂兒童之思想，且因之而弱意志之能力。若教材有統一，則各教科能互相喚發，而兒童之知識亦成整然之一團體。而欲教材之統一，其必要之條件如左。

一、教材務當互相聯絡

如地理之於歷史，讀書之於習字作文，其關係固極親密，雖在他科，亦非無可聯絡之處。如算術之問題中，可插以地理之里程、歷史之年數等。及作文之問題，採諸地理、歷史及理科等所授之材料是也。如此互相聯絡，一面增運算、作文之興味，一面練習地理、歷史及理科之知識，使更確實。諸科相助，而教授之效乃見矣。

然各教科，其中各有固有之次序。爲欲統一之故，而破壞此次序,使各教科失其獨立之性質,又不可謂之適當之方法也。秩耳列爾所謂開化史的教案,以歷史上之材料爲中心,而使他科之材料統合于此,不免有此弊也。

二、諸教材之排列務用并進之法

排列教材,時間上也有二法,一爲直進法,一爲并進法。直進法者,一種之教材授畢,然後授以他種之教材。此歐洲中古之耶穌教學校之三科及七科,用此排列法者也。然純粹之直進法,殆不見于今日。并進法反是,自始提出種種之教材,使之并行而進。第一年所授者與第二年所授者,其科目無大差,而漸加深奧,所謂循環而進是也。欲教材之統一,不可不用并進法。然純粹之并進法,亦過于繁雜,故適當之教案,大體依并進之主義,又交以直進法。

三、一學級之全學科務以教師一人擔任之

一學級若以一人教之,則教材之斟酌,得自一人之胸中出,不然則有分裂之病。

第四節　教　案

定一週間或一日間所教授之教科之次序,謂之曰教案。夫教科之難易不同,兒童之活力亦隨時而變化,故當考教科之性質,與兒童疲勞之增減之狀況,而作適當之教案,教授上之一要務也。今列舉其當注意之點如左:

(一)艱難之學科當於身心活潑時教之。兒童之身心,大抵以午前爲最活潑，午後則稍疲勞，故多用心意之教科，大抵置之午前爲宜。然非謂一切艱難之科目，悉置諸午前也。蓋午前之心意，由前夜之睡眠而復活，故能適于要思考力之科目。然用之過多，則力不能繼，故教育者更當注意于第二條件。

（二）多用心之教科後，當以少用心之教科繼之。威志曰：“心意活動之度，不能時時相同。又最難之事，當于兒童之心之領受力最強，教師之活力最盛時爲之。”此人之所知也。故教數教科之際，當以艱難者始，以容易者終。然其教授時間若爲四時間以上，則當於第一時間與第三時間授其難者，而于第二時間與第四時間授其易者，以使心之張弛相交代。而關心情之學科，當于心之活潑時爲之。又雖在成人，某時間心之狀態，與其前一時之所爲大有關係。游戲之後，心之散漫實甚，不能爲細密之思考，況兒童乎？要之，自心之勞動之最少度而漸增其度，不得不謂之反于自然也。

（三）欲保存兒童對各教科之記憶及興味，故一週間内，當使各教科于適宜之間隙再現。若集算術教授於一週之上半，集理化于一週之下半，不得不謂之不當。特如二三時間教授同一科目，尤所最忌也。在下級之兒童，雖一時間中教授一事，猶不能無厭倦。故教師于一時間内，當隨時自一事移于他事，而以新事物再喚起其注意，況至數時之久乎？

附言　威志曰：“一時間用心無間斷，亦成人所不能也。縱一時能之，然兒童因爲此事而全消耗其心力，遂至對此事而生嫌惡之情。"故教授于一時間内,不可使兒童之用心力達其頂點。又四五時間中,連授科學,則減殺兒童之力,消滅其歸家後爲事之勇氣。故一面于一時間中心之勞動,須有張弛;一面于一日内科學之教授,當以圖畫、習字或手工雜之。

（四）定教案時當注意兒童之健康。要正坐傾聽之教科後,當繼以要起立者。多用視力之教科後,當繼以少用者。又一時與他時間,當與以休息。食前不可爲身心上激烈之勞運,食後當與以消化所必要之休憩時間,皆所宜注意也。

第五節　教　　段

當教授一事時,欲使生徒全解其事,而確爲其心之所有,則當據心理學之規則,定教授時之次序,名之曰教段。此自海爾巴德、秩耳列爾以來,所大唱導者也。然就階段之區別,即同派中之人,意見亦不同。今由心理上立大體之區別如左:

一、直觀之階段。知識之基礎在于直觀,吾人實由實地之經驗知覺,而集知識之材料,由此基礎,以解不能經驗之事物,及無形之理者也。故教授上最宜先爲者,在使兒童直接觀察實物,或示以模型、繪畫,或使之與其前所直觀者結合,而由言語以傳達新事物。然令欲授一新事物,不可不使兒童之心適于領受此事物,特如以言語傳授者,欲使兒童類化之,必使追想過去之經驗,以再現其既有之表象,如是而兒童始能以注意迎此新事物,而以興味把住之。即如是而新表象始于兒童之思想界，發見其適當之位置也。故直觀之階級，更分爲預備及提示二級。然預備之分量與其形式，則因時地而異。大抵對生徒之年幼者，及材料之遠于直觀者，其要預備也多。對高級生及直觀的材料，其要之也少。又教實物時，則示以其物，而使生徒據其所已知，以判斷其爲何，問答二三次以爲預備足矣。而承前之教授，則行簡易之復習，以爲預備。

二、思考之階段。吾人整理直觀所得之材料，而考其關係，究其中所存在之理，而得概念或斷定者，謂之曰思考。此階段中，又可分爲二階段，連結與綜括是已。連結者，比較新授之事物與兒童所已知之相同之事物，而示其關係。綜括者，造普通之理法及概念也。然新舊事項之比較，既于預備時行之，亦於提示中行之，故有時不必置此階段。若強以此爲一階段，而比較無甚關係之事物，則徒費時間，亂兒童之思想耳。綜括之意甚廣，大抵謂以簡明之言語，述提示之結果，及以就一實例或一標本所見者，推及于其所屬之種類是也。若但以爲製造概念、發見法則，則此階段亦不能不暫缺。何則？概念及理法，非兒童所易知故也。特如關技能之事，以指示模範之與練習應用爲主，必使兒童本于觀察，積練習與應用，而始能有所悟。故苟拘泥此形式，而必置此一階段，必不免陷于機械的教授也。

三、應用之階段。吾人雖有許多之知識，然若不能應用，則不過死知識耳。故教授上當置應用之階（級）〔段〕〔一〕，使兒童本其所已知之知識，而判斷新事物，本其所已學之技能，而利用于他方面，以使既有之知識、技能日益確實，而更有所新得，此教授上必不可缺者也。即如修身科中，兒童既有勤勉、信義、忠孝等一般之思想，則使兒童自發見其相當之例。或教師自提出個個之例，而使兒童判斷之。或由歷史傳記中，取種種之人物，而說其行爲性質，使兒童本其既有之倫理思想而批評之。於言語教授，使談其所講讀者，或綴之而爲文；於算術教授，使應用數理于賣買、借貸等實際之計算；於理科教授中，取新動植物而使判其屬于何種等，皆最有益之練習也。況夫技術之以應用及練習爲主者，其要更不待言。

如上所述，教授固不可無階段。然若立一不動之階段，而對如何之生徒，如何之材料，皆以此次序教授之，不可謂之當也。要之，實際應用時，當依教科之性質與生徒之程度，而省略變更之。提示無論何時何地所不能缺。預備則有時不必要，比較及綜括，若材料不悉備時，及授技能之教科，不必行之。應用則當教授之始，亦有不能行者。

附言　教授之階段，有分爲三段者，有分爲五段者，又其名亦不一。今略舉其例如左：

海爾巴德	明瞭		聯想	系統	方法
秩耳列爾	分解	綜合	聯想	系統	方法
蘭因	預備	提示	連結	總括	應用
特爾普翻特		直觀	思考		應用

威爾曼　　　　　　　受納　　　思考　　　　　應用

此外，小學中有用預備、教授、應用三階段，以爲教授上大體之次序者。

第六節　　教　　式

教式者，教授時表于外面之作用，而教師與生徒交際之體裁也。其種類如左：

一、注入的教式。謂生徒唯在受動之位置，而教師爲主動者也。此教式又可分爲三種：

（一）模仿的教式或例示的教式。教師先示其例，而使生徒模仿之。如體操、習字、圖畫、讀法屬技能之教科，用此教式。

（二）暗記的教式。即反復讀必要之文章及格言等。此教式今日用之者少。

（三）講話的教式。如授修身或歷史時，教師爲連讀之講話，使生徒默而聽之。

二、開發的教式。謂使生徒立于自動之位置，而教師導之而啓發其心意者也。此教式亦有三種之別：

（一）發問的教式。教師以發問導生徒，而使之自活動者也。如自個個之觀念抽出普遍之概念時，或使回想既得之知識時，常用此教式。

（二）發明的教式，或課題的教式。提出問題而使生徒自動,例如算術及作文之課題是也。

（三）對話的教式,或蘇格拉底教式。依自由之對話,而啓發其心意,昔蘇格拉底教弟子時常用之,故又謂之蘇格拉底教式。此教式比發問的之教式,生徒之活動更爲自由,教師但依發問或反對,而助生徒之自動耳。

教式之得失,須由生徒之能力與教材之性質定之。大抵以開發的教式,就中殊以發問的教式爲最優。然亦有時（對）⁽⁻⁾須用講話的教式者。對話的教式,其視生徒也過高,故不適于小學之教授。

第七節　發問之方法

發問者,教授中最緊要且最困難之部分也。發問有數種,今依其目的而分之如左:

一、復習的發問。欲使生徒既得之知識益加確實,而由發問以復習之者也。

二、試驗的發問。欲試生徒之學力,即欲試生徒進步之如何,而定用某方法爲宜時之發問也。

三、教授的發問。授新奇之事項時,或自既授之事項而造概念時之發問也。

更就發問之形分之,則如左:

（一）決定發問。發問之言辭中,已含答詞,不過使生徒選擇之決定之耳。例如"此花是梅否?""鳥有二翼歟,將一翼歟?"等是也。

（二）補成發問。舉答詞之一部分，而使補其他部分者也。例如"鼠棲于何處之動物乎?""鼠何歟?"等是也。

決定發問，不足興起生徒之思考，得以"然"或"否"之語答之，于心意之發達上殆無其效，則教授上不可不廢此種之發問。鄧來爾謂："用決定發問之教師，心之虐殺者也，當放之于戶外。"補成發問反是，能鼓舞生徒之思考，教授上最適切之形式也。

第八節　發問時必要之條件

一、發問須向全級發，然後指名某生徒使答之。

二、發問時當應其難易之度，而與以思考之時間。

三、指名生徒時，不可依席次，且以遍及全級爲務。

四、指名生徒時，不可用代名詞。用代名詞時，生徒不甚注意，且易紛亂。

五、發問之言語當明晰。

六、發問當適于生徒之力。

七、發問當〔戒〕〔三〕冗長之語。

八、發問當有限定，不可紛歧。

九、發問之音調當銳敏。

第九節　答辯之處置法

處置生徒答辯之方法如左：

（一）答辯不誤時，當別其果從理解上答歟，抑器械的答之歟，或偶然適中歟？若有所疑，則當變發問之體，或用輕微之反駁。若果發見其非理解的答辯時，則務使應用此答辯于他所，以使得其理解。

（二）答辯之一部正當，即答辯不完全時，教師當更依深入之發問，而使生徒自正其誤。以其一部誤而排斥其全部，則大不可也。

既修正之答辯，當使生徒更覆述之。

（三）答辯全誤時，或全不能答時，教師當先考其原因之所在。若其過在教師發問之言詞之不適歟，或發問之過難歟，則當改發問之體裁。若不然，而其過在生徒之不注意、不勤勉歟，則當加以非難。而由生徒之怯懦而不答者，亦往往有之。然教師而果真爲生徒所信用，則必無此事。又答辯時所必要者，答辯之明晰完全是也。如幼年級之以練習言語爲旨者，必使以全文答之。然在稍進步之生徒，而欲其練習神速時，則以一言半句亦可也。

校勘記：

〔一〕據大瀨甚太郎《新編教育學教科書》（金港堂 1903 年版）改。

〔二〕據文意刪。

〔三〕據文意補。

教　授　法

海寧王國維述

第一章 緒 論

第一節 教授之任務

一、小學校教育之目的。發育兒童之身心，使成優良之國民，小學校教育之目的也。即小學之目的，在圖兒童身體之發達，授道德教育及國民教育之基礎，及生活上所必要之普通知識、技能是也。

二、教育之方法。欲達以上之目的，其方法則有育成身體之養護，陶冶情意之訓練，及磨練心意與以知識、技能之教授是也。

而養護、訓練及教授三法，非互相聯絡，不能達教育之目的。即身體之發達，雖由於養護，然若無體操之教授，及節制清潔之訓練以助之，則其效甚少。道德教育及國民教育雖以訓練爲主，然若無教授以養成道德上之知識與情操，無養護以圖身體之健康，則亦不能奏其效。而於知識、技能之教授，亦不可不由訓練以養注意勤勉之習慣，依養護以期身體之健康。足以見此三方法之不可不一致連絡也。

三、教授之任務。由上文觀之，則教授之任務如左：

（一）當爲道德教育與國民教育之故，而與以知識，養其情操。

（二）當與以生活上所必要之知識、技能，且磨練其心意，喚起其興味。

（三）當爲身體發達之故，而與以知識、技能。

（四）教授當與養護及訓練相符。

第二節　教　　材

一、小學校之教科。據《奏定章程》，初等小學之科目，爲修身、讀經、講經、中國文字、算術、歷史、地理、格致、體操、圖畫、手工十科。高等小學加農業、商業二科，共十二科。而初等小學前八科爲必修科，後二科則視地方情形酌加者也。高等小學之後二科亦然。然此《章程・綱要》中，云須隨時修改者，外國之初等小學科目，則爲修身、國語、算術、體操、圖畫、唱歌、手工、裁縫。（女子。）高等小學之科目，加以本國歷史、地理、理科、農業、商業、外國語。此等各教科目與教育之目的之關係如左。

主授道德教育及國民教育之教科目，爲修身、國語、本國歷史、唱歌。

主授實用之知識、技能者，爲國語、算術、地理、圖畫、裁縫、手工、農業、商業、外國語。

主爲身體發達所授之科目，爲體操。

以上之教科目，可分之爲關人事界之人文學科，及關自然界之自然學科。又可分爲基本學科爲一切教科之基本者。及補充學科。外國小學校，計此等學科之輕重緩急，而或定爲必修科，或定爲加設科，其關係如左表。

	人　文　學　科				自　然　學　科				
	初高必	高必初加	高必	高加	初高必	高必初加	初高加	高必	高加
基本學科	修身國語				算術體操				
補充學科		圖畫唱歌	歷史地理	商業英語		裁縫女	手工	理科（地理）	農業（商業）

二、教科課程表，于初等及高等小學之各學年，分配如教科目。又以其教科目，分配之于每週教授時數，謂之教科課程表。今將日本小學校課程表，列之如左。

尋常小學校教科課程表

學年 教科科目	每週教授時數	第一學年	每週教授時數	第二學年	每週教授時數	第三學年	每週教授時數	第四學年
修身	二	道德之要旨	二	道德之要旨	二	道德之要旨	二	道德之要旨
國語	一〇	發音近易普通文讀法、書法、綴法、話法	一二	日常須知之文字及近易普通文之讀法、書法、綴法、話法	一五	日常須知之文字及近易普通文之讀法、書法、綴法、話法	一五	日常須知之文字及近易普通文之讀法、書法、綴法、話法
算術	五	二十以下之數之範圍內之數法、書法及加減乘除	六	百以下之數之範圍內之數法、書法及加減乘除	六	通常之加減乘除	六	通常之加減乘除及小數之呼法、書法及加減（珠算加減）

續表

學年 教科目	每週 教授 時數	第一 學年	每週 教授 時數	第二 學年	每週 教授 時數	第三 學年	每週 教授 時數	第四 學年
體操	四	游戲	四	游戲 普通體操	四	游戲 普通體操	四	游戲 普通體操
圖畫				草形		簡易之形體		簡易之形體
唱歌		平易單音唱歌		平易單音唱歌		平易單音唱歌		平易單音唱歌
裁縫						運針法 通常衣類之縫法		通常衣類之縫法、裁法
手工		簡易細工		簡易細工		簡易細工		簡易細工
計	二一		二四		二七		二七	

畫圖以下爲加設科。

修業年限二個年高等小學校教科課程表

學年 教科目	每週 教授 時數	第一學年	每週 教授 時數	第二學年
修身	一	道德之要旨	一	道德之要旨
國語	一〇	日常須知之文字及普通文之讀法、書法、綴法	一〇	日常須知之文字及普通文之讀法、書法、綴法
算術	四	加減乘除 度量衡　貨幣及時計算 簡易之小數 （珠算　加減）	四	小數　分數 簡易之比例 （珠算　加減乘除）

續表

學年　　教科目	每週教授時數	第一學年	每週教授時數	第二學年
本國歷史	三	本國歷史之大要	三	前學年之續
地理		本國地理之大要		前學年之續
理科	二	植物　動物　礦物及自然之現象	一	植物　動物　礦物及自然之現象
圖畫	男二女一	簡單之形體	男二女一	簡單之形體
唱歌	二	單音唱歌	二	單音唱歌
體操	三	普通體操 游戲 男　兵式體操	三	普通體操 游戲 男　兵式體操
裁縫	三	運針法、通常衣類之縫法	三	通常衣類之縫法、裁法
手工		簡易細工		簡易細工
計	男二八		男二八女三〇	

修業年限三個年教科課程表

學年　　教科目	每週教授時數	第一學年	每週教授時數	第二學年	每週教授時數	第三學年
修身	二	道德之要旨	二	道德之要旨	二	道德之要旨
國語	一〇	日常須知之文字及普通文之讀法、書法、綴法	一〇	日常須知之文字及普通文之讀法、書法、綴法	九	日常須知之文字及普通文之讀法、書法、綴法

續表

教科目 ＼ 學年	每週教授時數	第一學年	每週教授時數	第二學年	每週教授時數	第三學年
算術	四	加減乘除 度量衡　貨幣及時之計算 簡易之小數 珠算加減	四	小數　分數 簡易之比例 珠算　加減乘除	四	分數 比例 百分算 珠算　加減乘除
歷史	三	本國歷史之大要	三	前學年之續	三	前學年之續
地理		本國地理之大要		前學年之續		外國地理之大要
理科	二	植物　動物礦物及自然之現象	二	植物　動物礦物及自然之現象	二	通常物理、化學上之現象　元素及化合物　簡易器械之構造作用　人身生理衛生之大要
圖畫	男二女一	簡單之形體	男二女一	簡單之形體	男二女一	諸般之形體
唱歌	二	單音唱歌	二	單音唱歌	二	單音唱歌
體操	三	普通體操 游戲 男 　兵式體操	三	普通體操 游戲 男 　兵式體操	三	普通體操 游戲 男 　兵式體操
裁縫	三	運針法 通常衣類之縫法	三	通常衣類之縫法、裁法、繕法	四	通常衣類之縫法、裁法、繕法
手工		簡易之細工		簡易之細工	三	簡易之細工

續表

學年　教科目	每週教授時數	第一學年	每週教授時數	第二學年	每週教授時數	第三學年
農業		農事 農事之大要		農事 　農事之大要 水産 　水産之大要	三	農事 　農事之大要 水産 　水産之大要
商業		商業之大要		商業之大要	三	商業之大要
計	男二八 女三〇		男二八 女三〇		男三〇 女三〇	

修業年限四個年高等小學校教科課程表

學年　教科目	每週教授時數	第一學年	每週教授時數	第二學年	每週教授時數	第三學年	每週教授時數	第四學年
修身	一	道德之要旨	二	道德之要旨	二	道德之要旨	二	道德之要旨
國語	一〇	日常須知之文字及普通文之讀法、書法、綴法	一〇	日常須知之文字及普通文之讀法、書法、綴法	九	日常須知之文字及普通文之讀法、書法、綴法	九	日常須知之文字及普通文之讀法、書法、綴法
算術	四	加減乘除 度量衡　貨幣及時之計算 簡易之小數 珠算　加減	四	小數　分數 簡易之比例 珠算加減乘除	四	分數 比例 百分算 珠算加減乘除	四	比例 百分算 求積日用簿記 珠算加減乘除
歷史	三	本國歷史之大要	三	續前學年	三	續前學年	三	本國歷史之補習
地理		本國地理之大要		續前學年		續學前年		本國地理及外國地理之補習

續表

教科目＼學年	每週教授時數	第一學年	每週教授時數	第二學年	每週教授時數	第三學年	每週教授時數	第四學年
理科	二	植物 動物 礦物及自然之現象	二	植物 動物 礦物及自然之現象	一	通常物理、化學上之現象　元素及化合物 簡易器械之構造作用 人身生理衛生之大要	二	通常物理、化學上之現象　元素及化合物 簡易器械之構造作用 植物、動物礦物之相互及對人生之關係　人身生理衛生之大要
圖畫	男二女一	簡單之形體	男二女一	簡單之形體	男二女一	諸般之形體	男二女一	諸般之形體、簡易之幾何畫
唱歌	一	單音唱歌	二	單音唱歌	二	單音唱歌	二	單音唱歌
體操	三	普通體操 游戲 男 　兵式體操	三	普通體操 游戲 男 　兵式體操	三	普通體操 游戲 男 　兵式體操	三	普通體操 游戲 男 　兵式體操
裁縫	二	運針法 通常衣類之縫法	三	通常衣類之縫法、裁法、繕法	四	通常衣類之縫法、裁法、繕法	四	通常衣類之縫法、裁法、繕法
手工		簡易之細工		簡易之細工	三	簡易之細工	三	簡易之細工
農業		農事 　農事之大要		農事 　農事之大要 水産 　水産之大要	三	農事 　農事之大要 水産 　水産之大要	三	農事 　農事之大要 水産 　水産之大要

續表

學年 教科目	每週教授時數	第一學年	每週教授時數	第二學年	每週教授時數	第三學年	每週教授時數	第四學年
商業		商業之大要		商業之大要	三	商業之大要	三	商業之大要
英語		讀法　書法 綴法　話法		讀法　書法 綴法　話法		讀法　書法 綴法　話法		讀法　書法 綴法　話法
計	男二八 女三〇		男二八 女三〇		男二八 女三〇		男二八 女三〇	

　　此課程表大體據圓周教案，各教科目初學年授平易之部分，次第擴張之，而進於高尚之部分者也。

　　三、教授細目。應各教科目所得之教授時間數，而詳定該教科目之教授內容者，謂之教授細目。各教科目之得達小學教育之目的否，職由此細目之選定之得宜與否。然則細目之選定，可不慎乎！今定選定之方針如左。

　　（甲）教授之事項，其性質分量，當與兒童身心之發達相應。兒童之精神，最初直觀的，而漸進于悟性、理性的，故教材之性質亦當應之而進步。而欲教材之有修養之效，不在其分量之多，而在兒童之能類化。故教材不但當使教師能精確教授之，且當使兒童有十分反復練習之暇。

　　（乙）當參考兒童之外部的關係。兒童之住所，其父兄之職業，及其日常之經驗，皆與彼之觀念界有密接之關係。故彼之外部的關係，于教材之選擇排列上大當注意也。

（丙）當由小學教育之目的考之，而取最有價值之教材。小學校不論富貴貧賤，不問士農工商，而唯以養成國民一般之道德知識爲旨。故但爲高等教育之預備者，或但爲某職業所要者，概不可取之。

（丁）各教科目之教材，當以階段的、有機的方法排列之。于初等小學及高等小學，當應兒童發達之程度，而使其所教者自成一全體而完結之。故自心理學上考兒童發達之狀態外，又當自名學而考各教材相互之關係。且于稍低之程度既成一全體而完結者，於較高之程度更當擴張其各部分，而此間之連續排列，不可不爲階段的、有機的也。

（戊）當示各教材之內容。如但標修身書某卷之第某章，讀本某册之第某篇，固屬不可。即但揭其題目，亦尚不足，必詳記題目中所含之要點，始可謂之完全也。而其教材當預分配之教授時間數，使無過不及。

（己）當考與他教科目之關係，即計各教科相互之補益，而預示其連結點。

四、教授之單元。既撰定細目，則臨實際之教授，而區分教材以爲單元，此甚要也。一單元或以一教時終，或亘二教時以上，大概對年少之級，以簡短爲宜。然單元又由學科而有長短，例如算術之單元，一教時中不能畢者甚少，然歷史、地理之單元，往往至二教時以上。

一切單元當含主要之概念，而自爲一全體。分之過細，却難於理會。故善分者善教者也。

第三節　教授之事業

教授自其廣義言之,其中有三種之事業:(甲)新事項之授與,即狹義之教授;(乙)所教授之事項之復習;(丙)成績之考查是也。

新事項之授與,乃教授之本部最緊要之業也。然若所授之事項,復習不得其宜,則不免于消失。故復習之方法,當與教授之方法并研究之。而此兩法之果得宜與否,不可不考查其成績以判定之。於是考查成績之方法,亦不可不研究也。

(甲)教授之方法

一、教授之心理的行程。人之學知識、技能也,有心理上自然之行程,從此行程,於是有教授之階段。

得知識之心理的行程,即教授之階段,從海爾巴德、灾爾列爾派,則(一)預備;(二)提示;(三)比較;(四)統括;(五)應用。台爾普翻爾特分爲(一)直觀;預備提示。(二)思考;比較統括。(三)應用。威爾曼分爲(一)受領;(二)理會;(三)應用。開爾列爾分爲(一)預備;(二)教授;新事項之提示。(三)應用。諸説各有短長,然于實際之教授,五段過煩,寧以三段爲便也。

得技能之心理的行程,與得知識稍異。今定爲(一)示

範；（二）説明；（三）練習三段。示範者，謂教員自書文字或
唱歌詞，而示兒童以範例也。説明者，謂指示兒童以從此模範
而自試之要點。練習者，謂由示範與説明而使兒童自試，遂達
能之之域者也。

　　二、教授之名學的行程。教授之行程，自其授與之材料
之點觀之，得分爲分解及綜合二法，此即教授之名學的行程
也。此二法由材料或爲具體的事物，或爲抽象之思想，而分
爲四種：（一）事物分解；解明教授。（二）事物總合；擴張教授。
（三）思想分解；演繹教授。（四）思想總合歸納教授。是也。事
物分解法，謂如某種動植物，兒童漠然知其全體者，今一一
指示其各部，以使其所已知之全體之觀念更爲明確。又如地
理之教授，先授某地方全體之觀念，而後詳細授其各部是
也。事物總合法，謂當授兒童所全未知之事物，先一一授其
各部，而後使得全體之觀念，如用旅行體而教授地理是也。
思想綜合法，謂由個個之事實，而抽出一般之原理法則。而
思想分解法，謂以一般之原理法則，應用於個個特別之事實
之法。

　　三、教式。教師與兒童授受之形式，謂之曰教式。教式
有現示法、問答法、講話法三種。現示法者，示以實事實物而
使之直觀。問答法，由教師與兒童之問答。講話法，依教師連
續之講話而教授之者也。

　　現示法，在示實物行實驗時，謂之示教法。在教師示兒童

當模仿之範例時，謂之示範法。講話法之在授博物、地理時，描物體之形狀、性質者，謂之記述法。在述歷史的事實時，謂之説書法。陳述思想或講明文章之意義時，謂之講釋法。問答法亦因其用法而有種種之名稱。即反復教授之事項時，謂之復習的問答。檢查兒童之知所已授者與否，謂之檢閲的問答。使兒童由已知之事項，而自悟未知之事項時，謂之啓發的問答。而課題法則提出問題而使作稍完備之答案，亦不外一種之問答法也。

四、教授草案。授一單元之教材前，當預定處分之之法，而所預定者，即教授草案也。教授草案有密案與略案，前者以練習教授爲目的時當用之，後者通常之教授時所用者也。蓋教師之對象，兒童也，教師之問與兒童之答，不能一一預定之。若預定過于微細，則臨事往往不能實行。故通常教授草案所預定者，不過教授各段中之材料，與提出此材料之次序及教式而已。

五、教科書之使用法。教科書記述教授之材料，宜最精確、最平易，且多興味。教授之主力，用于言語、文章者，唯讀本耳。他科之教科書，當置文辭于第二位，而務以口解事實明晰精確爲主，不可使因誦讀而勞心力。於地理、歷史、理科等，欲使領會其事實時，不必拘泥教科書之字句，記載之次序，當考兒童之狀況，而便宜教授之，最後使之一讀可也。又有時欲與他科目聯絡，變更章節之次序，亦無不可。

（乙）復習之方法

方今之教授法，急于授兒童以所未知，而疏於保存其已授者。孔子曰："温故而知新。"子夏曰："日知其所亡，月忘其所能。"則復習之法不可不講也。復習之法，以於後課業中，反復前所授者爲最上。然有時爲復習而與以特別之時間，亦必要也。今舉其方法如左。

一、各教授時間之始，當反復前回之課業。

二、各段落之告終時，與以若干之時間，使復習之。

三、以一週中之若干時，充前課業之復習。

四、于一學年或一學期之終，使復習全體之課業。

五、臨時教授時間有餘裕時，使之復習。

器械的復習法易生厭倦，故當使兒童自種種之方面，以觀察教材，或變更教式，以聯絡既習之事項，以使發見新意味。

（丙）考查之方法

考查兒童之成績，不但於兒童之卒業時、昇級時所必要，教師欲自知其事業之成效如何時，亦不可缺者也。教授不但以其方法合理爲滿足，必以有功效爲第一義，故教師不可不時考兒童之成績，以圖方法之改善。

成績雖當以試驗法考查之，然小學校中不採此法，而用考查兒童平日成績法。考查平日成績之要件如左：

一、某教科目之成績，教師由日日教授時之聞見評定之。

某教科則就平日之成績品評定之，某教科或特徵答案而評
定之。

　　二、評定成績時，用評點或評語。評點以十點爲滿點，評
語用甲乙丙，上中下，美、良、可、稍可、不可等。

第二章 修身科

第一節 目 的

國民道德。我國之道德全受儒教之影響，《孝經》《論語》二書，實爲國民道德之根源，而修身教授之所當持以爲標準者也。此外以系統的方法規定國民之道德者，則有聖祖之《聖諭十六條》，及世宗之《廣訓》，亦授修身者之當參考也。

歐美之道德，除本於一二學説外，無不以宗教爲基礎，故其中多信仰之原質。而我儒教雖有時説天，然不似宗教之以天爲具體之神而有裁判之力者，不過以是爲道德之理想耳。故於國民道德中，雖不必排斥天或神之觀念，然不必視爲道德之根柢，必本國民之道德的感情，而以固有之國民主義爲本體。

德行之要質。德行之本質在意志，意志由明晰之思考，與純潔之情操而完全發達者也。蓋意志不強，不能成一德行，固可勿論。然若不由理性以定行爲之主義、原則，則不免惑于取舍。而若無純潔之情操以聯絡之，則其主義、原則，不過乾燥無味之知識耳。故欲進德行高品性，不可不向此三方面而用力也。

修身科之本分。欲達道德教育及國民教育之目的，則一面當由教授而開知識，養情操，一面當由訓練以督其實行。而修身科雖非直接關於意志者，然其最終之目的，在影響其意志，固自不待言也。故修身非與訓練相待，則其效甚少，在教場所教授者，至教場外直違背之，則謂其教授全無效可也。

修身科之位置。修身科所以施道德教育及國民教育主要之科目，然此外補助之之科目亦不少。第一，國語也。蓋國語者，國民精神之產物，其學之也，與學國民之精神無異。彼無國語之素養者，往往有崇拜外國文物之勢，職由於此。第二，國史之發揮、國民之精神，極爲明白，不俟贅説。其次，地理也。此外唱歌、體操等，亦與修身科有顯著之關係。要之，修身雖特設一科目，亦得與他教科目共授之。然爲道德教育及國民教育，而特設一教科目，從適宜之次序，而悉教以必要之事項，以統一他教科目中所偶然窺得者，其便益不可謂不大。此修身科之所以設也。則欲收修身教授之效，當注意於他教科目之教授，而指摘其可相助之事項，不可忽也。

第二節　教　　材

修身綱目。定修身科之材料者，謂之修身綱目，此修身教授最緊要者也。今略定之如左。

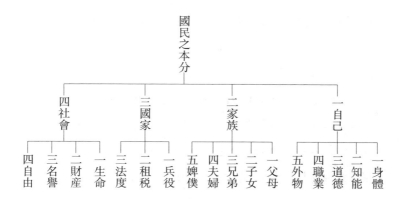

事例及格律。據修身綱目而實行教授時，所當採之教材
有二種，一具體的事例，_{例話。}一抽象的格律也。前者包含日
常偶發之事件、傳說、人物傳等，後者包含諺辭、詩歌、格言等。
此二種之教材相待，然後足以完備修身之教授。

　　以故事、傳說用諸初學年兒童之修身教材，海爾巴德派所
主唱者也。其理由以爲，初學年兒童之想像力最盛，故古代人
民之想像的精神所產之傳說最能適之。反對之者，則謂此荒
唐之事項，能於兒童之精神上留其痕迹，而有害於真正之知識
及信仰云云。二者之説皆含真理，然幼兒之心意，欲使理解實
際上復雜之關係及乾燥之事實甚難，故就傳説之簡易而易悟
又有趣味者，以開其理會人生之端緒，不可謂非教育上必要之
方法也。但其事實之選擇不可不注意，其有弊害者，決不可採
用之。

　　及兒童之年齡稍長，則歷史上之事實，乃最適當之材料

也。蓋歷史上所載忠良賢哲之事迹，能使《修身綱目》所定之事項，現於兒童直觀之上，而得以理想其人物，故其效甚大。但非常激烈之事例，雖能刺激兒童之感情，然一時的而非永久的，故實際之益甚少，而務當選兒童將來可以躬行之事例。又修身教授，所以養成國民之精神，故當以國史之事迹爲主。然西洋之人物有裨於我國民之道德者，亦當採之。又歷史上之人物，當其採用于修身科也，主説明其個人之道德的生活，其在歷史科中，雖與修身科之教材同，然主説明其人之與社會、國家之關係，此二者之區別不可不知也。

日常偶發之事件，如兒童日常之經驗，學校內外之事故，新聞雜誌之記事等是也。此等固自善惡相雜，然中可以爲法可以爲戒者頗多，即其事體不大，然利用之，亦可使修身科之教材勃勃有生氣。蓋修身科所載之事項，多屬於過去，故兒童對之，若與己無甚關係，至現在世界之事件，則彼等視爲實在而有力，無疑也。故參用此等教材，則教授之效，自可大見。

道德上之格律，乃日用行爲之間，可取以爲標準者。如計物之長短之尺度，修身上最緊要者也。就中如膾炙人口之詩歌，流布民間之俗語，乃國民精神之產物，而常足以涵養後世國民之精神者，此修身科之教材中所不可缺者也。

但廣行之歌謠中亦有當排斥者，當示其理由，而不使得統轄國民之精神。又賢哲之格言多含至理，而於國民之德道上有至大之影響，此亦日用行爲之規矩所必要者也。凡格律當選含至理而易解，且簡短而易記憶者，不可忘也。

修身科之教授，與其多知，寧以深知爲要。故授蕪雜之事例、格律，不如授少數且精選之事例、格律，而確實保存之。蓋修身科不但授個個孤立之事例、格律，必使此等成一有機體，而于具體上表立修身綱目之全體，而使兒童領會國民道德之主義者也。

禮節。言語、動作有禮，不但對他人而表恭敬之意，亦所以高自己之品格，于道德上最緊要者也。於我國現時之狀態，舊禮法將廢，而新禮法未立，故禮儀作法，殆在混沌之狀態。欲改良此狀態，則于小學校教授禮節，殆必要也。但禮節之教授，乃修身教授中特別之部分，屬于一種之技能教授，而非前所述之思想與情操之修養，不待言也。

教材之排列。海爾巴德派從開化史之階段，而定教材之排列如左：

第一學年　童話

第二學年　魯賓孫故事

第三學年　族長時代之歷史《舊約全書》中之歷史話，即猶太民族統屬于族長時代之歷史。

第四學年　士師時代及王政時代之歷史《舊約全書》中之歷史話，即猶太民族在士師及國王之管轄下時代之歷史。

第五學年　耶穌基督傳《新約聖書》中之基督傳。

第六學年　同

第七學年　　使徒保羅傳基督高弟保羅之傳。

第八學年　　路得傳宗教改革家馬丁路得傳。

如此，從歷史的階段分配聖史，亦附授詩歌、箴言等。然以外之德國教育學者，多取圓周的排列法，應兒童之能力，而于各學年授各種教材，次第擴張之，以自易而及難。即第三學年以傳說或兒童日常之雜事等爲材料，漸近而授宗教問答及聖書，而詩歌、格言、祈禱等，常與聖史及宗教問答同授之。而法國之修身科及國民教科，制綿密之綱目，定難易之次序，而以圓周的方法排列之。

於我國定修身教材之排列，雖當稍參考階段排列之方案，然大體當用圓周的排列法，殊如準法國之例爲最當也。即應兒童之發達，而于各學年中定當授之義務及德之大體，而授以歷史的事實及格律，而于初學年不但授某義務及某德，而於德及義務之全體中，凡可以理解者，皆採用之，漸自易以及難，遂完修身綱目之全部。

排列教材時，（一）初以歷史話爲主，殊於第一、第二兩學年中，用童話及簡易之說話，漸進而授道德之格律，而以系統的方法說明之。（二）義務及德，當自兒童現在所當實行者始，漸進于成人後所當實行之部分。

於教授細目，教材之全部，當成統一之全體，不但個個之事實、訓誡之集合而已。而其從圓周的方法排列時，一面當考兒童精神之發達，一面當考教材自己前後之聯絡，且自國語、歷史、地理等科，而得修身科之材料。或此等科目由修身科而得其指示時，當考各教科目教授之次序，而互相聯絡補益。

第三節　教　　法

（一）修身教授之特質。修身非爲知而授，爲行而授者也。故不但當使兒童明白理會，而得精確之知識，且必以深徹其心情爲務。故修身之教授，不但説明證明，且當描出人生之理想之高尚優大，使兒童歡欣鼓舞而欲達之。若夫喃喃饒舌，徒以其所説强兒童行之，果有何效歟？蓋人有道義的感情，其好美善，亦其自然之性也。唯因發育之之方法不宜，遂沮遏之耳。若順其道義的感情而導之，則其效自可見也。

（二）要適合兒童之立脚地。欲使修身之教授，徹于兒童之心情，則其所説自當與兒童現在之生活有密接之關係。兒童于家庭爲如何之生活乎？於朋友之交際時，有如何之經驗乎？於家庭以外，逢如何之事物乎？凡此等事情，即可爲修身教授之基礎。若修身之教授而不自此立脚地出，則其所説雖高尚，全不入於兒童之心情，徒爲乾燥無味之記憶而已。

（三）教師之爲人。修身之教授與他科之教授異，成功與否，全存於教師之爲人。所教之事項雖同，而自可敬可愛者之口出，則有最大之勢力，此人人之所能知也。則教師當有親愛威重之德，且其所教道德上之真理，不可不感覺之，信從之。約翰保羅曰："當徹于心情者，不可不自心情來，唯生命得造生命耳。"佛蘭楷曰："真愛之一滴,貴于知識之大海。"此之謂也。

講説時,教師之言語當自其肺腑出,必不要雄辯,蓋心情本而言語末也。故但欲以講説之巧感人心,此大誤也。約翰保羅曰："有聞神之名而免冠之信心如奈端氏者,不用言語而得爲宗教之教師。"此之謂也。

(四)修身教場。無論何教場,皆須清潔整頓,而施相當之裝飾。然修身教場,尤不可不注意此點。當使入此室者,自生嚴肅宏大之感,蓋以外部之事情感人心不小故也。然比之教師之爲人與教授之内容,不過其末,不可忘也。

(五)直觀之教具。可尊敬之人物之小像,遺墨、遺物等,有能補言語之所不足,而感動心情之效,此教授之際所當利用,而又可爲修身教場之裝飾也。至于憑吊古人遺迹,亦屬有效之方便。

(六)修身科之教授時間。修身科之費兒童之心力也,雖不能謂之甚大,然當置諸一日教授時間之最初,或第二時爲良。此由(一)于他觀念之未注入心意時授之,甚易領受;(二)朝聞善事,則與終日之行爲以善良之影響故也。由此理由,故修身之教授,以多施之爲有效。故修身科之教授若一週爲二時間,則一教時三十分,而分爲四次施之可也。

(七)修身科與他教科目之關係。地理、歷史或讀本中之修身事項,亦當視爲修身科之材料而處理之。即或利用其事項于修身科中,以與地理、歷史讀本之教授相連絡。或於授歷史、國語時，以授修身之方法授之，使二者之間有所聯絡補助。特如法制上之事項，授國家現在之制度者，不可不與示國家過去之制度之歷史密相聯絡。又唱歌有大可利用者，即詩歌之授爲修身上之格律者，使于唱歌科唱之，其效甚大。又視祭日之誨告，亦當與修身科聯絡。

修身教授之方式。修身之教授，若自歷史上之事實，教師之想像所構之談話，兒童之經驗，學校或村落所起之雜事始，而以此等事例内所含道德上之格律結之，此用歸納法者也。若先授道德之規則、格言、詩歌、諺辭等，而後引種種之事例，以證明及應用此格律，此用演繹法者也。前者適于兒童精神之發達，故多用之。然及兒童之年齡稍進，而有知識、經驗，則後者亦可用之。而修身之教授，雖并用事例及格律，而就一事例，非不可并授二三之格律。然大抵授二三之事例後，授一格律足矣。又某種歷史上之事例，其主要點在事例，故雖不授格律亦可。而授格律時，或無歷史恰當之事例，則引證兒童所經驗之事，或日常之雜事等已足。若欲强引歷史上之事例，而不考其不適當，却反妨害兒童之理解。

教授例

預備

（甲）目的指示。授歷史上之事例，而欲以歸納的方法導之於一格律時，當先揭事例之題目，以指示其目的。例如“今日說蘇武抗節之事”等是也。若兒童不知蘇武爲何人時，則先爲一二之預備問答，或預備說話，然後指示其目的。不然，則兒童對其目的無趣味也。

若以演繹的方法授時，亦當先指示其目的，而使兒童就一二已知之事例而批評之。例如使吟味"蘇武何故不從李陵勸降之言"是也。

（乙）預備之材料。以授事例爲主時，當預授知此事例之必要之事項。或喚起與此事項相類之舊觀念，或試問與此相關之歷史、地理上之事項及年代等，或教師自說之。又所授事例之一部，若爲兒童所已知者，則使說之。而此等材料當取諸兒童之經驗，及修身科既授之事項，讀本地理、歷史等。

若以授格律爲主時，則當就兒童已知之事例中，問代表此格律所含之真理者。

　　教授

（甲）事例之講話。先講全體，次分之爲二三節，節節講之，使兒童復演之。全體講畢，後使復演全體，此先綜合後分解者也。或始不講全體，而節節講話，使復演之，遂及於全體，此由綜合法者也。兒童之復演，當先優等者而及於劣等者。而復演之際，若發見彼等未解或誤解之處，則更解說之。但要屢次解說者，足證其預備之不完全，或其事項之不適于兒童也。

講說當徐緩而有力，又當明白。修身之教授，與他教科目異，其講話當徹于兒童之心情，故尤不可不留意也。

當授以繪畫等之直觀物而說明之，或與之問答，而其時于講說之前中後皆可。然示之于講說前，或不過使兒童推測之。又示之于講說後，不能增其興味。故至說某段以後，示以與此相關係之物件可也。

（乙）事例之比較。兒童所既知之事項中，有與所授之事項相似或反對者，當試問之，以確實其理解。

（丙）格律之授與。當揭某事例，使與他事例比較，而自此導出格律。若以授格言、詩歌爲主，則于預備時，當喚起既知之事例而導出之，時或附說證格言之事例可也。要之，授格律時當訴于兒童之理性，且練其思考。

格律之文句，當仍其原來之形式，而使理解之記憶之。故非普通而適當簡短而易記者，不可授之。若有當授之格律，而無適當之格言、諺詞等，則當以平易、精確、簡潔之文體授之。

歌詞當使兒童歌唱之，如此則最易感動。

（丁）教科書之用法。教科書當於充足與以觀念後，始授之。若但就書冊說明，則讀書之事，而乏修身教授之效也。

應用

（甲）以格言應用于他事例時，當就兒童之身，而示其可適用之處。

（乙）于教國語時，當以修身上之事項爲文題，使綴之。或于他科目之教授，應用修身上之事項，以練習之。

復習及考查。修身上之事項，當深徹于兒童之心情，故不厭復習之多。與其進而授新事項，寧使既得之印象日益深厚，爲必要也。然用器械的復習法，其效甚少。故當變更方法，或與新授之事項相聯絡，以使發見新關係，而喚起其感動。欲達此目的，于二三週間設一二次之復習時間可也。

　　修身科之目的，非使之知，實使之行。故此科之效力，不可不自平生之操行檢之。然健全之道德的知識，乃德行之要件，故教授科目中之修身科，亦如他教科目，不可不自其知識上考查之。其考查之意，在檢修身上之事項，兒童果能理解否是也。至于操行爲教育事業之一大要部，不但當于修身之一科目中授之，可勿論也。

第三章 國語科

第一節 總　論

國語。人者，社會的動物，故必須互通其思想。如手勢、顏色、自然之聲音等，雖足以交通思想之一部分，如禽獸即用此等手段，以交通其所知所感者，然其不完全，固自不待論也。人類反是，用分節之聲音即言語以互通其思想，及文化之度更進，則用書記之符號即文字以便其交通。此人類所以超越他動物者也。而民族之文化達斯程度，而有一般使用之言語及文字，謂之此民族之國語。

國語之緊要。國語不但爲交通思想之器械，又陶冶國民之品性所不可缺者也。夫國語者，本國民精神之産物，而于客觀上表出國民之特性者，故學之即所以養國民之品性也。則欲國家之獨立，不可不使其國語獨立。若以外國語爲教育之要點，而忽于國語之教育，則國民之品性不免陷于崇拜外國，其弊決非小也。

習國語之要件。欲由國語以交通思想，一在理解他人之言語、文字，而悟其思想，一在自己連用語言、文字，以發表其思想。更詳言之，則耳聽他人之分節音言語。而悟其意，目讀

他人所書之符號_{文字}。而解其義，是謂國語之理解。以口發言

語，以手書文字，而發表自己之思想，即國語之運用也。故習

國語時，有理解與連用二要件，二者不可偏重。而習國語時，

一面要思想之發達，一面要記憶符號，又要練耳目之受動的感

覺，及發聲機與手之自動的運動。

國語教授之分料。國語於兒童日常之交際及諸科目之教

授，時時得學習之。然非特設一科目而教之，不能見其進步。此

關係亦如習修身科之與他教科之關系，故國語之教授，必常與他

科互相聯絡補益。但國語一科，不能達其目的也。

國語科分爲（一）話法；（二）讀法；（三）綴法；_{作文。}

（四）書法。_{習字。}而話法、讀法、綴法，皆由一定之語法，故往

往以授文法爲通例。小學中雖不必設文典之目，然於讀法、綴

法之間，便宜授之可也。

話法、讀法、綴法及書法，非得獨立而教授者，皆密相關

係，而有有機的聯絡者也。即綴法可與讀法共練習，讀法可爲

綴法及書法之材料，是則分其教授時間，唯由教授上之便宜，

非由彼等互相獨立而然也。

<h2 style="text-align:center">第二節　話　　法</h2>

一、目的

言語與文章，爲交通思想之二大利器。然言語之用，比文

章更廣，故其必要亦甚。故話法之練習，爲教育上之一大要

目，不待言也。

　練習言語，當初正個個之語而使言之，次及單句，次進而複合數句，終使能自由發表其思想。

　國語有益乎智德之啓發，既如前述，而言語從其範圍之廣，而其所及于心意上之効力，決非淺鮮。故語法之練習，即心意之練習也。

　話法教授之目的，如上所述，在練習言語，而一面使得思想交通之方便，一面兼及于心意之修養也。

　二、教材

　話法當授普通之言語，其條件如下：

　（甲）發音。發音各地不同，當從其最普通者。

　（乙）方言。一處通用之言語，當改之爲一般通用者。又古語、外國語及某種特別之人所通用者，亦不可採之。

　（丙）語法。者亦由地方而異，然不能一般通用者，當改之。古語、外國語之語法亦準之。要之，教授言語之目的，欲使能一般通用故也。故必矯正各處之方音方言，而從普通之言語。今中國所當定爲標準之普通語，自以京話爲宜，然京話中亦多方言，不如普通官話之最通行、最易學也。

　三、教法

　話法之時間。話法不設特別之教授時間，與讀法、綴法及他一切科目聯絡而練習之爲常也。或爲話法設若干時間，不免流于形式之弊。

練習話法之要件。話法之練習，（一）先授以思想；（二）授以表之之言語；（三）使以其言語明確發表其思想。蓋無思想，則言語無意味也。然有思想而無言語，則思想亦不能精確，二者相助而始有效者也。然既有思想，又有表出之之言語，而其發表其言語時，發音或不正歟，或斷續抑揚不得其宜歟，又不能全收交通思想之效也。

模範。言語本由外圍之人所與之模範而習得者也。英國之兒童，由其所接之人之言語皆用英語，故習得英語。中國之兒童，由其所接之人皆用中語，故習得中國語。而同是中國語也，在使用純正之言語之社會，則習得純正之中國語，在使用蕪雜之言語之社會，則習得蕪雜之言語。故父母、教員之常與兒童相接者，不可不自修正其言語，以爲兒童之模範。

言語教授之種類。純正之模範外，列舉練習言語之處如左：

（一）直觀教授；（二）讀本之講義及章句之諳誦；（三）作文之預備時之談話；（四）修身、地理、歷史、理科等之說明；（五）日常之談話是也。直觀教授，就日常近接之事物，而談話問答，兒童初入學校時，所用以練習言語者也。讀本之講義，當正其言語及言語之句調。又讀本中之章句，殊如談話體者，當使諳誦之。此亦所以使兒童有豐富之言語，兼有裨于綴法者也。章句之暗誦，我國及西洋諸國多行之。此外于綴法中,當使先談其所當綴之事項,又于修身以下之教科目,當使明確演述其所學。又于兒童日常之言語有不正者,當丁寧反復而正之。如此用意,則于言語之練習必有大效。要之,言語教授當與他科聯絡而行之。能如以上之所述,則自不必設特別之教授時間也。

第三節　讀　　法

一、目的

讀本之目的,當自三要點觀之,即(一)自國語身上,(二)自實科之知識上,(三)自智德之啓發上觀之是也。

自國語自身上觀之,則讀本者實國語教授全體之根本也。詳言之,讀本以使兒童能讀現在及過去之文字爲目的,而人之能理解國語之能力,實大半于此科中養成者也。故讀本實國語教授之一大中心,話法當附屬而練習之,文法亦當連絡而教授之,綴法及書法亦當以此爲源泉而教之,故讀本實可謂國語教授之根本也。又自實科的知識上觀之,則當授修身、理科、地理、歷史及以外日常必須之知識,以補他實科教授之所不足,或使複習之。若初等小學校不置他實科時,尤當以讀本補此缺點。又讀本于道德的、國民的、審美的修養,及於練習種種知的作用,大有效力者也。讀本如上所述,有此三要點,然其第一點,實讀本固有之目的,他二點不過附屬之,而于實際上無一不可忽視者,勿待論也。

二、教材

讀本之教材，當自文字、文章之上觀察之，固不待論，又當自其所記述之事項觀察之。

文字。我國之文字爲象形文字，其數非以千數，不能完全表其思想。於西洋諸國，僅學二十餘之字母之拼法後，讀書之事不甚難，而我國之文字必須字字學之，於是國語教授之困難十倍于彼，而有創爲用西洋字母以拼我國之言語者。然我國文字之性質與西洋大異，其義在形而不在聲，若但以聲表之，則其混亂缺乏甚矣。但于小學校中之文字教授，不可不制限其字數。初等小學所當授之字數，大抵二三千字，如能完全理會，已足供平日之用。至高等小學卒業之生徒，能諷至六七千字以上，則已不爲淺陋矣。

文章。小學校所當授之文章，普通文也。普通文無論非漢魏六朝之文，亦非唐宋之古文，而今日所通行之文體也。夫文字固當與言語相密接，而我中國從來二者全相隔絕，此國語上之一大妨害。今後當使文章與言語接近，以圖國語之進步，最緊要也。于初等小學之初年，讀本之文章當以口語體爲主，於高等小學，則以文章體爲主，而雜以口語體可也。又必要之信札體，及簡易之詩歌，皆爲讀本必要之材料。

讀本上採用之文章，或由編纂者所自作，或自古今之文章中選擇之，無不可也。德國之讀本，多選名人之文之易解者，此有感化人心之力，且備種種之文體，而不流于單一，固甚善也。然在我國，文之適于小學校兒童者甚少，故在今日，編纂者不可不自作之。

記述之事項。讀本不但爲道德教育及國民教育之輔佐者，又實用知識之源泉也。故（一）當含人物之傳記，修身上之訓誡，地理、歷史及關國家社會之事項，以涵養兒童之德性；（二）當含描寫人事界及自然界之詩文，而與以審美的修養；（三）當含理科上、實業上、世態上之事項，而與以實用知識。要之，讀本之事項以補充或練習他教科之教材爲目的，如初等小學校缺實學科時，尤不可不注意也。

三、教法

讀本教授之二方式。讀本本使兒童由文字、文章，而得種種之思想者。然記述之事項，若有不易解者，則當先與以思想，而後授其表之文字、文章可也。不然，則爲字句所拘束，而不能悟全體之意義。於是教授讀本時，有二種之方式，即一先授以思想，而後及文字、文章；一先授文字、文章之難解處，以使理會其思想是也。於小學校概用前法，後者只於易解之事項用之。要之，因兒童知識之進步，漸宜多用第二法，以使得獨立讀書之力。

授文字、文章之要件。於文字、文章：（一）當使翻書記之符號，爲聲音之符號；誦讀。（二）使理會其所讀者；解釋。（三）談話所理會之文章之思想；話述。（四）使應用既習之文章，而理會新習之文章，就讀他人之文字。以上四要件足矣。

然讀本當與綴法聯絡，故此外尚有他要件；（五）默寫所讀之文字、文章；（六）某種之語句、文章，須諳誦之；（七）改作所讀之語句、文章等是也。而讀法與綴法，皆有一定之法則，故（八）當知文法。

授記述之事項之要件。讀本之記述事項，其關於修身、歷史、地理、理科者，當參考各科之教授法，而屬修身科、歷史科者，當喚起兒童之感情，而指導其實踐。又屬于地理、理科者，當使應用于日用生活上。又讀本中之圖畫，當使精細觀察之。又有時須示以實物標本，或爲簡易之實驗。但不可全流爲地理、理科之教授，而失讀本之本領也。

教授例

預備

（甲）從讀本之題目，而指示其目的。

（乙）欲使理會所記之事項，當從兒童之經驗，既知之讀本之某部分，及他教科目中，發見預備之材料。又事項甚易，而爲兒童所既知者，則其事項不必於提示時授之，而當於預備時問之，或使兒童從文章悟入。

提示

（丙）事實之教授。可使兒童自文章上悟入者缺之。

（丁）摘書。教授事實時，當提出新字句，但于事實之教授時，加以字句之説明，則不無混雜之慮，故當於理會事實後，仔細説明之。文字當分解之，以與類似之既知文字相比較。

又欲助其記憶，象形文字當與物形聯合（如日與 ◉ 、月與 ☽ 等）。會意文字則説其構造（如光明等）。又文字之從其某部分發聲者（如理之爲里聲，悟之爲吾聲等），亦當示之。摘書不但于文字爲然，凡語句之構造等，亦當摘書之。

（戊）讀法。務使兒童自讀，而後教師與以範讀可也。若教師先讀，則非使兒童自練習之方法。德國之教育家分讀法爲三：其一器械的讀法，期讀書之正確而毫無澀滯。其二名學的讀法，其明文章之斷續，而讀而解其意味。其三審美的讀法，期以自然之調讀之。小學校之下級（一學年至四年），以器械的讀法爲主。然至小學上級，不可不注意於他讀法。而名學的、審美的讀法，不可不在文章之解釋既明之後。即器械的讀法，當於讀法教授之最初練習之。名學的、審美的讀法，于最後練習之可也。但雖在下級，師範之範讀，常不可不爲名學的、審美的，勿待論也。

讀法當禁速讀。西諺曰："速讀者，惡讀之母也。"又文章所以記言語者，故當與談話同。濫發高聲而誦讀文章，亦惡讀之一種也。

（己）解釋。解釋有從原文之次序而一一講之者，有不拘次序而演全體之旨趣者。而當解釋一文章時，當先據前法，再用後法。又文章容易時，有不及讀法之終，而直使兒童演全體之旨趣者，亦一必要之練習也。解釋語句時，若但改爲他語句，則與授第二之讀法無異，兒童不能理會之，故當引例設喻以解之。

（庚）文法。既解文章之意味，則當指示其文法。文法之教授，有與讀本聯結者，有與綴法連結者，有于特別之時間，以系統的方法教授者，皆不可偏廢。而在初等小學，則當與讀本聯絡，而指示文法之要點，而應用之于綴法。于高等小學，則以系統的方法授其要點，而取其實例于讀本上可也。

（辛）事實之談話及比較。文章之方面既完全理解，則當明述其所記述之事項，以確識其智識。此際可練習話法，既如前述，而此事項當與兒童已知之他事項，由類似反對及他種之關係，而比較連結之。至修身上之事項，則更當練兒童之判斷，而喚起其感情。

應用（練習）

（壬）事實。修身之事項，當使兒童應用之于行爲。知識、技能，使應用于生業上及日常之生活上。衛生之事項，當使應用于身體上。

（癸）文字、文章。（一）諳誦可爲模範之單句、短文、詩歌等。（二）默寫語句。此大抵指定一部分，使練習後，然後行之者。然教授之際所摘書之難字難句，亦當使兒童默寫之。又課默寫時，教師先一讀全文，更一句一句，徐徐高聲誦讀，而使兒童筆記之。最後更一讀全文，使兒童自正其誤謬。其尚有誤謬者，則教師于黑板上或於紙上訂正之。（三）用既授之字句,而作新文章,使讀之。（四）改所授之語句爲他形式。（五）書人名、地名,使用既授之字句,而綴單句短文。（六）以所授之事項,爲作文之題目。

　　以上種種方法,其中有時可省者,附記于此。

第四節　綴　　法

　　一、目的

　　綴法者,使用文字以表彰思想,而國語之一分科也。其目的有三:（一）爲發表思想之一方便;（二）使確實其知識;（三）養思考及審美之情是也。綴法與話法共爲發表思想之技能,即關于國語之運用,而生業上學問上必要之方便也。而學文章,一面足以確實他教科目所學之事項,及日常經驗之知識,一面就所記述之事項之選擇配列等,可練其思考之力,又就文字之上言之,可養成美的趣味。

　　又兒童之于讀法,受動的,綴法,自動的也。人之才能依自動的練習而長,故綴法之大有効于教育,無可疑也。而其効甚大,其事業亦因之而甚難。

　　二、教材

　　文體。綴法之文體當爲普通文體,自不待言。即初用談話體,漸進而入近談話體之文章體,日用文如信札。亦當附授之。

　　若綴法之文體,與讀本之文體不同,則使兒童迷惑而無所依據,故謀二者之統一,爲必要也。又文章不當用佶屈之語句,須平易簡明而條理整然者,即以達意之文章爲目的。

記述之事項。於綴法(一)使記述讀本及他科目所授之事項,使之確實而不忘;(二)記述家庭、學校及以外之經驗;(三)授以生業上又日常之生活必要之事項,而他科目所不授者,使記述之。要之,綴法雖大抵使兒童記述既得之事項,然間或授某事項使綴之,以補他科目之缺,無不可也。

三、教法

思想、說述及文章。綴法,第一,當使得所記述之思想。使思想不確實者綴文,全屬不可能之事。若教授作文時,不注意此點,必歸于失敗。其二,思想當以言語明確表之。蓋言語比之文章,更爲自然的方法,先以言語發表思想爲至當也。其三,文章不過言語之整頓修飾者,則凡言語所發表者,使綴爲文章,此自然之次序也。

綴法與默寫及暗誦之關係。默寫及暗誦,爲綴法必要之準備。談話體之文章,其字句自讀本得之者甚多,更自談話體進而入近易之文章體,則文章之字句及語形,又皆從讀本中得來。故自此點觀之,暗誦之事益爲必要。故讀本者綴法之源泉,默寫及語句之暗誦,當注意行之。又若干之文章中,有當使暗誦其全體者。

文章之綴法及語句之綴法。綴法雖以作一連續之文章爲主,然時時當練習造語句之法。此練習可於讀法中改作語句時行之，於綴法中課之亦可。

　　文字。始用已學過之字，以作短語、短文，及讀本中所學之字漸多，則綴法中亦可漸加其數。要之，務使兒童應用其所既習者，非遇不得已之際，教師不可授以新字而使綴之。而兒童所用之文字有不正者，務正之勿怠，又當注意于其字形字行，以助書法之練習。

　　自作法及補助法。與兒童以一題目，而使自由綴之者，謂之自作法。在教師指導之下，而補助之者，謂之補助法。綴法雖以使兒童自由述其所見聞所思考爲目的，然其始即用自作法，則兒童不知所下手，故綴法之最要部分，補助法也。補助法雖有種種，然以模範法及啓發法爲最要。

　　模範法，或示以例文，而使全解其意味與結構。既解則使暗記之，使效之而以他材料綴之。此法於授日用文時最爲適當，日用文授若干之例文，其外得模仿而作之。然此法有泥于模型，而不能自由暢其筆力之弊。

　　啓發法，就當記之事項，而或問答或談話，又排列之爲一定之次序，且與以必要之字句，而使綴之者也。而此事項、次序、字句三要質中，有時或授以一二，便自考出其所未授。此法小學校最多用之。

　　此外，補助法中尚有種種之方法。正誤法，謂正其文章之誤謬。填字法者，缺文章中之某字句，使填補之。譯文法者，使改談話體爲文章體，詩歌爲散文體。省略法者，使簡略記長文中之要旨。敷衍法者,詳述短文中之意味,例如詳述格言、歌諺之類是也。以上諸法,臨時皆可使用之,然不足甚重視也。

教授例據啓發法

預備

(甲)指示目的。

(乙)整頓思想。(既習之事項,則問答之,新事項則教師談話之,時或示以實物。)

(丙)使以言語表前條之思想。

(丁)問答既習之字句,而記之板上。

教授

(戊)遇不得已之際,則授新字句。

(己)屬文使書于石盤,或作文簿上。

(庚)添削,於黑板上書某童所作,而全體批評訂正之。後使各自訂正其所作者,板上添削,限作語句及短文時行之。

書于作文簿者,則添削之後,當返諸兒童。作文大抵起草稿後,再録于簿上。然不起草而直記,亦一種必要之練習也。而録稿時,字形字行必不可不整齊,添削務存其原意,或但指出其不當之處,使兒童再考之可也。所添削者,當使兒童深明所以當添削之故,故宜以相當之時,就各兒童説明之。或誤者甚多,則當問兒童之全體説示之。

應用

(辛)使以所作之文章中語句之形式,構成新語句。

（壬）使以類似之題更作一文。

（癸）以正誤法、填字法練習之。

第五節　書　　法

一、目的

練習書法之目的，在使筆迹正確、美麗且迅速也。字畫及運筆無誤，謂之正確。字形及字行整齊調和，而筆力暢達，謂之美麗。而既正確、美麗以後，當使迅速書之，此必十分熟練後始可，其始不可望也。要之，初年級以正確爲主，漸以美麗爲主，最後當使迅速。

書法于生業上學問上爲必要之一方便，固不待言。其修練身心之効亦不少，即足以養審美之情，得清潔、緻密、秩序等之習慣，兼練習意志及手眼是也。

書法之練習，兼指默寫、作文、筆記等，然于特別之時間專課書法，亦所必要。蓋他科中各有自己之目的，不能專力於書法故也。

二、教材

字體及字風。我國文字有篆、隸、真、行、草五體，而真書、行書爲今日所通用。然就數千之文字，而欲其能兼通二體，實小學兒童之所不能。故小學中或但課楷書及行書之大略，亦勢所不得已也。而習字帖之法書，不可有特別之流癖，以純正爲宜。

　　文字之大小及數。練習之文字，以稍大爲宜，蓋文字大則筆力能抒暢故也。然實際上所用者，則爲小字。小字於綴法筆記中，皆能練習，固可勿論。然于書法中，亦當練習之。文字之多少，初等小學，一葉約四字至十字內外。高等小學，二十字內外，亦有至四十字者。

　　當練習之文字。文字當從讀本中取之。爲書法而授新文字，則失練習書法之本旨。故大體當取之讀本，間從他科目中取之。而此等文字必限其最要者，而以意味排列之。其練習文字之次序，則當從書法之難易爲先後。西洋之練習數字也，大抵依 1470692358 之次序，然我國則尚未有研究及此者，以後所必研究者也。但書法不必與字畫之多少一致，亦有字畫少而難書者，不可不知也。

　　三、教法

　　與一般書法之關係。凡欲正其字形而使學者，謂之正書。此外之所謂習字，皆美書之練習也。此二者當互相關係，於正書助美書，於美書助正書。而于作文中書語句、文章時，及於他教科目中之筆記，皆美書之練習也。兒童之簿本，當時時校閱而整頓之。在西洋兒童之簿本，爲彼等學業之成績，父兄往往以之示來客云。

　　預備練習。習字之初，當首正其姿勢及執筆法，此事須於惡習慣未成以前正之。又磨墨法、用筆法，其始當十分授之。不然，則後日必須時時正之，甚爲不便。又不可用宿墨及不洗筆。

習文字之前，先習直綫、曲綫、方形、圓形簡易之畫，亦有效也。蓋此等較文字爲自然的，而較有趣味，因此可得習字之基礎。

練習之要件。練習首要細心，粗暴用筆，即惡習慣之根本也。每一週間習若干字，則每時間當新習一字或二字，不可一時全習之。而迅速亦練習書法之要件，習熟之後，自然能之。又字行宜整齊，一葉中之文字須有定數，如此用意，可使兒童得清潔、綿密、秩序之習慣。

種種之練習法。當使習某文字，於執筆前，可以指試書於空中，或以指于習字帖上試之。又以白紙敷於習字帖上，而影寫之亦善。我國人之始習字也，專用此法。然以後漸當臨摹，至能背臨爲度。不能背臨，尚不足稱習熟也。

理解的書法。器械的模仿無甚大效，當使知其所以必須如此書寫之故。故練習時，當使屢觀善書。又批評惡書，而就自己所書者，研究其正否，以期去惡而就善。

教授例

示範

（甲）當書之文字或書於簿，或書于板上示之。

（乙）當問文字之讀法及意義，若有新文字，則當預授之。

（丙）書同上之文字于板上，而使兒童注目，此際須與以最適當之示範，且務以毛筆書之。

説明

（丁）當就各文字而分解其部分，又説明運筆之次序，而務使兒童自理會之。此際可使兒童以手試書於空中或習字帖上。

練習

（戊）當據説明及示範，而使于簿上書之，或影寫習字帖。

（己）於初學級，教師逐字讀，而使兒童書之。或逐畫唱，而使一齊書之。

（庚）教師當巡視教室內，而正其有誤者。如誤者甚多，則書于板上而説明之。

（辛）當執兒童之手，而授以筆法。

（壬）清書須二次。前次訂正之，而更使練習。後次不加訂正，但附以評語等，而使自知其熟否。凡清書當使背書。

第四章　算術科

第一節　目　的

算術教授之目的，兼實地之利用與思考之練習，人人之所認也。而爲實地利用故，當使習熟日用之計算，且與以實用之知識。

所謂計算者，日常生活之所不可缺，計算之獨立、迅速且正確，算術教授之第一目的也。

其次，于算術之教授，當使兒童有實用之知識，即知度量衡、貨幣等之制度，及人生生業上之要項，例如借貸、交易等。

算術最後當達明晰之斷定，確實之結論，以練習思考。又當以正當之言語表出之，此於陶冶心意上有極大之效，自攀斯德禄奇以來，人人之所認也。

算術教授之主要之目的，歸于以上三點。此外又可發揮節儉勤勉之精神，得社會上道德上之教訓。又計算、地理、歷史、理科上之事項，以補此等知識，或正之，亦其附屬之目的也。故小學校之算術，非純粹之數學，而當考兒童之精神發達，及其實用上陶冶上之目的，而特別立案者也。

第二節　教　　材

整數、小數及分數。此三數中，整數最普通最易解，而亦最多用者也。故小學校之算術，第一當熟于整數之計算，勿待論也。然日用之計算，必不限于整數，而多帶小數及分數者。如英國等度量衡之制度，不用十進法，故用分數之處多。而我中國從來用小數之處，比分數更多，故若不知之，則日用上甚多不便。故整數之後，即授以小數可也。分數于實用上，雖似不甚緊要，而其練習思考，其效甚整大。然其處置法頗難，而理會之也亦不易。故當俟之兒童知力進步之後，且止授其簡易者可也。而授小數與分數之先後，歐美教育家其議論尚未決，然小數之易於分數，實際家之所能知也。

數法、命數法。書法記數法。及四則。整數之數法，自一始而遞增，即使知自然級數以爲計算之根本。而普通日用之範圍，大約在萬位以下，故尋常小學校練習加減乘除時，在此範圍內可也。然至我國之人口數，及歲計預算等，有萬以上之數，故欲知此等，命數法不可不授至億爲止，而小數至四位止可也。

記數之法，有中國數字及算用數字二種。中國數字非真正之數字，然其用決不少于算用數字。中國數字自一至十外，有百千萬億，又爲防誤謬故，又用壹貳叁……拾等文字。此等可從兒童知識之進步，便宜授之。算用數字乃真正之數字，算術中所不可缺者也。

加減乘除四者，相待而完全數之處理法，皆不可偏廢。

比例、百分算、求積。一切計算皆得以四則行之，然若用特別之計算法，則更爲便利，即比例、百分算、求積等是也。四則上極難之問題，以比例解之甚易。然欲知其真意頗難，而不免稍陷于器械的處置。又比例之問題，得以歸一法解之，而此法理會稍易，故初學依此而授比例甚便也。然其能全代比例與否，頗屬一疑問。唯兒童之對比例，極爲難解，故複雜者不可授之，自勿待論也。求積亦不易解，唯自實際上之必要，而授其最簡易者可耳。要之，算術以日常生活上之實用爲主，故亦有雖非適當，而爲適用之故，有不得不教者。

心算、筆算、珠算。不用器具而唯由心頭計算者，謂之心算。此最自然之方法，筆算與珠算，皆以此爲基礎者也。故心算之練習，新算術教授法之所最重也。且于日常之生活中，簡短之計算，亦用心算爲便。筆算易于理解，而小學校一般所課者也。然今日之社會，大抵用珠算，單用筆算，與時世不能相容，故并授珠算、筆算，亦所不得已也。然珠算其構造雖巧，然極複雜而難解，故不免陷于器械的教授之弊。此雖由教授法之不得宜，亦由其性質上不得不然也。故非初等小學四學年以上，不可授之。夫兒童于小學中，不得不學二種之算法，教育甚爲不便，然亦時勢上不得不然。教育家于教授時，不可不深注意也。

實用之知識。度量衡、貨幣及時之利，先授我國現在所行者，更進而授與我國關係極密之外國之制度，如英里、邁當、噸、磅等可也。此等制度外，如銀行、股票、賦稅、賣買、借貸、利息、田圃之收入等，各由土地之狀況，選生活上所必要者授之。

簿記乃生活上所必要，特如商業中尤不可缺，亦當依土地之狀況而授之。

第三節　教　　法

直觀的方便。數者抽象之物，非依直觀的方便，不能理會之。直觀物如點綫之記號，指小石、貝殼等之實物，珠數器之器具等，教育家之所製作者不少，而其用於授數法授運算及實用上之知識時，皆不可缺。算術教授之舊法，所以陷于器械者，職由于不用直觀的方便也。然用此法過度，亦未始無弊。蓋數者非但可由直觀學之，又能由數之而知之者，此數數主義之所教也。（此主義謂數不可知覺，唯由數之而生，即如何直觀事物，不能得數之觀念，必數之而此觀念始生者也。）要之，欲得數之觀念及其關係，雖無愈于直觀者，然久用之，則有妨其進步之害。

秩序的進步。某教科目，其前部分雖稍有不明白之處，未始不可學後之部分。然如算術，其排列之方法全爲名學的，決不能如此。必循序漸進，以前部分爲基礎，而次第入于複雜之部分。故此科目秩序的進步之必要，決非他教科之比也。則于其教授時，當精密調查材料，從其繁簡難易之度，而適當排列之，步步循序而進。但算術之目的，在日常生活之必要，故生活上所必要者，雖困難之事項，亦不可不授之。例如分數之計算及比例之算式，欲其正當理會之，必不可無代數之知識。然於實地之教授，則在教代數以前授之。

運算及應用問題。計算時不但當使熟於運算，且當使練習關種種之事物之應用問題。問題不多，則不適于實用，運算不精，則多生誤謬。故解式雖正，而答數不正，亦甚不可也。又大數之加減乘除，雖練習上所必要，然不可遠於日常實際之計算。故數之處置法，當在日常必要之數之範圍內。又應用問題，當取諸生活上必須之事項，及他教科中所授之事項，遠于實際及架空者，決不可選之。

理解及熟練。算術科若能用直觀的教授，秩序的進步，則得解運算之理由，及應用問題之解法，而此際務用生徒之自動力。算術如此，始足陶冶兒童之思考力也。然算術當實際，尤要敏捷精確。故理解其意義後，尚要十分之熟練。雖能理解，而計算遲鈍，仍不能達實用之目的，故二者不可缺一也。

記憶。算術雖以思考爲主，然思考所得者不可不記之。運算之理由，及應用問題之解法，固當由思考理會之。然前所學者，常爲後者之預備，故已理會者，當自記憶中喚起而直應用之。若不然，則既知之事，更須一一思考，不但不便，於進步之上亦極遲緩也。此記憶之所以不可缺也。特如規則、公式等，尤不可不精確記憶之。

言語及書法。算術教授尤不可不練習言語，如此精確之學科，于練習明瞭而有秩序之言語，最有效也。故如"八圓乘二枚""十圓以二人除之"，此等言語之當避忌，不待論也。又數字當明確言之，不然則生種種之混雜。

心算、筆算及珠算之聯合。當以心算爲筆算、珠算之基礎。又筆算及珠算，于其運用之方法，當聯絡一致。夫筆算與珠算，固各有特別之性質，不能全相一致。然於其相異之處，當特別使之注意，而于其可聯合者聯合之，庶心力不分，而理解亦易。

算術與訓練及他科目之關係。算術之教授，能使兒童得專心慎密之習慣，又可與修身科之教授聯合。而養節儉、勤勉諸德，與地理、歷史、理科等聯絡，而確實其理解應用。

算術教授之分科。先由直觀之方便，而授二十以下之數之命數法、記數法及加減乘除，以作普通計算之基礎。遂及于無限制之數之普通加減乘除、小數、分數、比例、百分算。珠算必于筆算習熟後，始教之。心算當自始至終時時練習之，以爲筆算、珠算之預備。而實用之知識，附於以上之計算而授之可也。

甲、預備教授

命數法。命數法之教授，當先由實物記號等，而使得某數之觀念。其法不一，有先一一授一、二、三、四等之觀念，而練習此範圍內之加減乘除者。有授至五之命數法，而練習其範圍內之加減乘除者。有授至十之命數法，而練習其範圍內之加減乘除者。此三種之教授法，雖各有利害，然其中以一一授二、三、四等數之法，其進步最確實，故一般採用之。但其始合自一至三爲單元而授之可也。蓋一之爲數，不可施分解綜合，故最初授之，甚爲困難，必于其與二、三之關係中，始得了解之故也。要之，授命數法，先亦以實物數之，曰一個、二個、三個，或曰一本、二本、三本，遂以不名數唱之，曰一、二、三……

　　記數法。授命數法後，當授數之記法。授記數法，有算用數字及中國數字二種。有就一數同時授二種者，有先授一種畢，習熟後，再授他種者。又有其始全不授數字者。而第一法不但爲文字故費許多之腦力，且易生混雜，故當避之。故以第二法爲便。而二種數字之中，當先授何種乎？以吾人觀之，算用數字雖便於計算，然如 10、11 等，頗不易解。而中國數字雖不便于計算，然無此困難。又預備教授之初，專用實物，雖不用算用數字，亦無窒礙之處。故二者先授中國數字，後授算用數字可也。而欲使書算用數字時迅速精確，當練習數字之書法。又（＋）（－）（×）（÷）（＝）等之符號，當于算用數字畢後授之。

　　加減乘除。始以實物記號、珠數器等算之，次不用此等，而單用名數計算。終以不名數算之。而其數之範圍，當與命數法之範圍一致，不待論也。而就每一數爲種種之處置，不可流于冗長，而減兒童之興味，最緊要也。而于預備練習時，有須訴于記憶者，如"二加三""五加四""八減二""九減六"等，須應聲而答，不可躊躇。又往時授算術時，但用九九表，而器械的暗記之。然爲今日之教授法所不許，必十分直觀的、理解的練習後，乃可使確實記憶之。如此，加減之基礎，當于二十之範圍內養成之。乘除法之基礎，當於百之範圍內養成之。

教授例（五之命數法及記數法）

預備

（甲）以實物記號或珠數器，使數四之數。（既知觀念之喚起。）

（乙）問四加一，則爲幾乎。（目的之指示。）

教授

（丙）授五之數。（有知者則使答之。）

（丁）以實物自一數至五，又自五數至一。（順計、逆計。）

（戊）依上法就可呼爲一、二、三、四、五者數之，殊當應用手指。

（己）抽象的以不名數數之，呼一加一爲二，二加一爲三，三加一爲四，四加一爲五。又呼五減一爲四，四減一爲三，三減一爲二，二減一爲一。（使知自然級數。）

（庚）授五字之讀法及書法。（依國語書法教授之例。）

應用

（辛）以種種之事物，使數至五爲止。

（壬）使書自一至五之數字。

教授例（六之分解綜合）

預備

（甲）用珠數器使數至六。

（乙）使自一順數至六，自六逆數至一。

教授

（丙）使就具體的事物（與他教科目之事物或與日常之經驗連結），而行下文之計算。

$6-1=5$　$6-2=4$　$6-3=3$　$6-4=2$　$6-5=1$

$6-1-1=4$　$6-1-2=3$　$6-1-3=2$　$6-1-4=1$

$6-2-2=2$　$6-2-3=1$……

$1+1+1+1+1+1=6$　$1+1+1+1+2=6$　$1+1+1+3=6$

$1+1+4=6$　$1+1+2+2=6$　$1+2+3=6$　$2+2+2=6$……

$1×6=6$　$6×1=6$　$2×3=6$　$2×2+2=6$　$1×5+1=6$……

$6÷6=1$　$6÷2=3$　$6÷3=2$

（丁）使抽象的諳熟左之計算（九九表）。

$1+5=6$　$2+4=6$　$3+3=6$　$2×3=6$

應用

（戊）今有梅子六枚，食去二枚，當存幾枚乎？……未幾又食去一枚，尚存幾枚乎？

有二人爲一班之兒童三班,其總數幾人乎? …… 又此數之兒童,若以三人爲一班,則有幾班乎?

乙、心算

心算之本質。心算者,不用實物記號、器具及數字之方便,而行之于心中者也。故于預備教授中,以直觀上之方便理會計算後,使全離之而計算者,即心算也。心算如前所述,爲筆算及珠算之基礎,故于筆算、珠算之進步上大有補益。但大數及複雜之問題,以筆算、珠算爲便利。故心算限于數之小者及簡易之問題,得敏速精密計算之足矣。又心算乃一種之練習,不要預備及教授,勿待論也。

特別練習。心算于預備教授之際,雖不能分之,然至進而授筆算或珠算,則於其教授時間之始或終,以五分時或十分時特別練習可也。其法或由口問或書于板上,使以口答或筆答。或一次二次述問答後,不許更問。或使兒童復述問題亦可。兒童計算之時,不許用指及竊書字于机上。又筆答時,不許竊用數字,故當以中國數字答。口答時或恐雷同,故當指名某生,而使於如上算之。若有誤,則使反復之,不待論也。

心算之問題當與筆算及珠算連絡,不但整數,即小數、分數,亦當課之。且當使應用實用之知識。

爲筆算、珠算之補助時之練習。心算不但可特別練習,又得爲筆算、珠算之補助而練習之,其法有四:

（一）授運算之方法時，易陷于器械的學習之弊，若利用心算，則能以理解的方法授之。（二）授進位法時亦然。（三）運算之際，有數之小者，不用數字及算珠，而直以心算計之，則頗敏速。（四）應用問題於精算之前，先以心算得其大略之答數，可避誤算。

丙、筆算

百以下之加減乘除。於初步教授，使習熟二十以下之範圍之加減乘除，則算術之基礎已略成矣。然教普通之加減乘除前，當更使習熟百以下之加減乘除，以更定其基礎。而當其授之也，亦有二法：（一）先授此全範圍之數法，而習熟其加減乘除。（二）一一授其數法，而練習其加減乘除，與授二十以下之範圍同。前者一時授以許多之數法，故不能全理會之。後者太涉繁瑣，于是不得不採第三法，即先于三十以下之範圍內，練習加減乘除，次進于四十以下之範圍，每十位進而授之。此足補前兩者之缺點者也。

加減之基礎，當于二十以下之範圍內十分定之。乘除之基礎，當於百以下之範圍十分定之。

至此階段，不必以實物算，而當用數字。但有時須用直觀物以助理解，不待言也。

普通之加減乘除。既熟于百以下之範圍之計算，則當自千位以下之範圍，進而授普通日用之數之範圍之加減乘除。至此階段，所授之次序不從數之範圍之之大小，而寧從運算之方法之異同。例如于除法，據法數之多少，而不問實數之如何是也。應用問題亦當依其解法之種類，作模範例題，而使學習之。例如加二、三之數，乘之于某數。或自某數減去某數，再以或數除之。各分爲類，以使適用于計算事物。

本于心算之教授。運算之方法及應用問題之解，如前所述，當以心算爲基礎而使理會之，其例如左：

（一）乘數被乘數皆二位之乘法之形式，如（$23 \times 15 = 345$）若本于心算，授之得分解如次：

$$23\cdots\cdots3+20$$
$$\times\ 15\cdots\cdots5+10$$

$$115\cdots\cdots23\times5\cdots\cdots3\times5+20\times5\cdots\cdots15+100\cdots\cdots115$$
$$+\ 23\cdots\cdots23\times10\cdots\cdots3\times10+20\times10\cdots\cdots30+200\cdots\cdots230$$

$$345\cdots\cdots23\times15\cdots\cdots115+230$$

（二）分數除法之形式，$\left(\dfrac{3}{8} \div \dfrac{3}{4} = \dfrac{1}{2}\right)$ 本于心算授之，得分解之如次：

$$\frac{3}{8}\cdots\cdots\frac{3}{8\times3}$$

$$\frac{3}{8\times3}\times4\cdots\cdots\frac{3\times4}{8\times3}$$

由以上之分解，則分數之除法，所謂當以法之分子乘實之分母，以法之分母乘實之分子者，其明瞭如指掌矣。

不但運算之形式，應用問題亦可應用心算，推前例可知。

依直觀的方便之教授。不但初步教授，即教授普通之加減乘除及小數分數時，其當用實物、記號、器具者不少，則如授分數之加法時，説明之如左，甚便利也。

$$\frac{1}{2}+\frac{1}{3}=\frac{5}{6}$$

$$\frac{1}{2}=\frac{3}{6}\quad\frac{1}{3}=\frac{2}{6}$$

$$\frac{1}{2}+\frac{1}{3}=\frac{3}{6}+\frac{2}{6}=\frac{5}{6}$$

又欲理解應用問題時，其可用直觀的方便者不少，可推前例知之。

問題之提出法。提出問題，有口唱與書板二法。口唱但書數量可也，書文題字句，務須平易。要之，問題提出一題後，當使變更其題意，或增減其數量爲便。如此不但助兒童之理會，亦省教師之手法。

然過久反復之問題，易招兒童之厭倦，不可不移于他問題。又運算問題中，課數之稍大而複雜者可也。應用問題，其關係複雜者，其數以小爲宜。

解式。當解應用問題，不可用許多之括弧，而作複雜之解式。故于初等小學，但當分解之，而記其結果，遂得其所求之答數爲良也。例如應用問題之解式，爲$(45+1+3)÷2-10×4$，則分解之爲 188、94、40 三數，而以甲乙丙代表之。

$45+143=188$（當記此數之表何物）

$188÷2=94$（同上）

$10×4=40$（同上）

$94-40=54$（所求之數）

教授例

預備

（甲）提出運算問題或應用問題時，當指示其目的。此際當使知此問題之種類，與前問題異。

（乙）分解問題，當本以前之教授，而試問其能解之部分。

教授

（丙）使由心算或利用直觀物，而理會新教材。

（丁）使明述所理會者，又規則之數，當使暗記之。

應用

（戊）當使練習同種數之問題數個。

（己）於此階段，當以使其計算迅速精確爲目的。

丁、珠算

珠算之方法甚複雜而難解，然能習熟之，則能迅速計算，頗便利也。於珠算之教授，當遵下三項：

（一）當整頓教授之次序，而從自簡入繁之原則。即于加法初授一位加一位之法，次進于一位加二位之法，二位加一位之法，二位加二位之法等。又於一位加一位之法中，先自不用五珠之處始，而後及于用之之法。於減法、乘除法，亦當嚴守其次序。

（二）當以心算及筆算爲基礎而授之。珠算于初等小學，宜但授加減二法，而于高等小學授乘除法。此時心算及筆算必已進步，故珠算之目的，主在運用算珠，而計算之法，則其所已知也。故務以心算及筆算爲基礎，如珠算之進位法。據此方法，則得十分理解的授之。

（三）珠算當置重運算之練習。今日所以需用珠算，以其計算得迅速故也。故應用問題之解法，珠算務以練習爲主，而使熟于計算。

戊、實用知識

從來于教算術時，（忍）〔忽〕[一] 于授實用之知識，而以爲得于計算之際自然學之。然此等事項，非以特別之注意授之，則所計算之事物，亦不免無意味也。

如度量衡、貨幣等，可用升斗尺秤及錢貨等，使直覺的理會之。利息、賦税之制，當十分説明事實，而使理會之。要之，此等當與讀本理科、地理、歷史等之事物，用同法教之。若因此而費若干之時間，固無不可也。

校勘記：

〔一〕據大瀨甚太郎、立柄教俊著《教授法教科書》（金港堂 1903 年版，以
　　下簡稱日文本）改。

第五章　本國歷史科

第一節　目　的

歷史教授之目的，在使兒童知社會及國家之發達，使明本國之國體，并練磨心力，養成國民之志操。

社會及國家之發達。歷史中雖授個人之傳記，然非使理會此一人也。雖授種種重大之事實，然亦非欲使知此一個之事實也。傳記與事實，皆爲使知社會之變遷與國家之盛衰而授者也。而社會、國家皆人之所構造，故歷史所以顯示人間之心性、行爲而最便于知人性者也。人世之進步，乃無數之人類，數千百年之間協力動作而得者。故現在之狀態，實過去之結果也。故吾人欲知現在，不可不知過去之變遷。能知人性及所以處現在之道，此歷史真正之目的也。若夫就過去之事迹，或人物之傳記，而搜奇尋異，非普通教育中教歷史之本意也。

使知國體之事。欲知社會之變遷，國家之盛衰，主欲使知國體故也。世界之邦國皆有特別之事情，爲特別之發達，故其國體各不相同，此亦國史教授之一要點也。

心力之磨練。歷史於知力上，得磨練記憶、想像及思考之力，而其所及于心情上之效力則更顯著。蓋歷史乃具體的示道德上之格律者。夫具體的事例之深感人心，心理學之所示也，所謂同情的興味，社會的興味，能由歷史鼓舞之，此海爾巴德所以以歷史爲陶冶品性之最要科目也。又國史以知國體爲主，故又以喚起國民的意識，養成國民之志操爲重要之目的。

第二節　教　材

歷史教材選擇之標準。歷史以使兒童獨立，而爲有益于社會、國家之人物爲目的者也。故于其教材之選擇，亦當用此標準。而用此標準而採教材時，又當注意于左數項：

一、當重近代史。近代以去吾人不遠，故與吾人以最多之教訓，不獨便于理會現在之狀態，且學習之際，亦最有興味者也。詳於古代而略於近代，教歷史之通弊也。據普魯西之教則，若有故而欲縮短歷史之教授，決不可忽于近代史云。

二、當重本國史。於西洋各國，小學校中兼授歐洲諸國之歷史。蓋西洋諸國皆自同一之祖先出，而其間之關係又多，故授國民之歷史，不可不授他國之歷史。然其所重者仍在國史，特詳細授之。在我國小學校，則但有國史一科目，其當專用力于此，固不待論。然其與外國之關係，亦不可不注意授之也。

三、當重開化史。福禄特爾曰："真正之歷史，風俗、法律、技藝及人心進步之歷史也。"必如此之歷史，始足達歷史教授之目的。至於戰爭之記事，權臣之陰謀，與夫實際無價值之雜事，當省之，而採足以知國家之發達、文明之進步之材料。

四、大事變、大人物務詳授之。歷史上之事迹、人物，不能枚舉，不必悉授之。唯當授劃一時期之大事變，與代表一世之大人物。蓋歷史之教育的價值，全在于此故也。海爾巴德曰："無文豪之記述、無詩人之鼓吹之時代，教育上之價值甚少。"則今日所行之歷史教科書，列舉一切事項而不知輕重之別者，不可不有以改良之也。

歷史上之年代。如地理科之地圖，雖爲緊要，然記憶頗不易易，故當取其最重要者授之。要之，年代以國君之紀元爲最要，年號不過一時之名稱，省之可也。

預備教授。歷史亦如他科目，亦須有與以根本觀念之預備教授。某教育家者有主張先授國家、國民、王朝、帝王等之觀念，以爲預備課程者。然先抽象而後具體，教授法之所不許也。要之，歷史之預備，不必設特別之時間，如修身讀本中之故事、童話及人物傳等，已足當預備教授矣。

教材之排列。就歷史材料之排列，有種種之方法，苟適宜用之，則各有其價值。

一、年代的順進法

此法從年代之次序，而自古而至今，教材排列之根本法也。歷史教授，於大體不可不據之。

二、年代的逆進法

此法自今日始而溯古代，亦有採用之者。然徹頭徹尾用逆進法，恰如溯河行舟，勞多而功少，終不適于歷史教授之性質也。

三、記事列傳體

此法以劃一時期之大事變，及代表時代之大人物爲中心而授者也。此授初步之歷史時最適當之方法，於小學校大體據之。

四、彙類法

此括相同之事項爲一類而教授者也。據華普德之立案，分爲（一）家族的生活，（二）社會的生活，（三）政治的生活，（四）宗教的生活，（五）科學及技藝的生活，以教歷史。此法適于程度稍長之教育，於小學校只復習之際，欲總括全體時用之可也。

五、聯合法

此不使歷史教授獨立，而與他科目聯合而教之者也。其法有與地理聯合而爲一教科目者，又有與地理、礦物、植物、動物、人類學、統計學聯合，而成所謂世界誌之一科目者。如此不認歷史科之獨立，甚不可也。要之，唯當與有關係之科目殊如地理科等聯合可耳。

六、直進法及循環法

於小學校之全修業年限間，一授歷史而不反復者，謂之直進法。若自全體之歷史中，取其簡易之部分而一度授之，復取其稍複雜之部分而次第授之，如此數次教授歷史者，謂之循環法。海爾巴德派從開化史階段，而主張直進法，然于小學校，則用循環法可也。但幾次循環，則恐減兒童之興味，又有易混雜之患。故小學校中，以二次循環爲適當也。

第三節　教　　法

直觀的教授。歷史與地理同，其得用直觀的方法教者甚少。如古代之建築物及美術品，古人之遺物等，其得利用之也極難，往往以口述間接教授之。而口述時，當求其材料于鄉土之史談、國民的傳說、日常之出來事等。又口述之際，可利用之直觀物，如圖畫、寫真、模型、沿革地圖、古人之筆迹及印本，與足回想當時之狀況之詩歌、文章等也。

口述之巧妙，歷史教授中之最大要件也。然徒爲樂兒童之故，而加無用之事實，又爲不可。而欲使明其要點，當寫出之于實際。譬如繪畫，只畫輪廓，不能生何等之趣味。必加陰影，施色彩，而始有生氣也。而加無用之物，却減其趣味。

授人物之風采、器物之構造時，不可不利用圖畫、寫真、模型等。蓋此等到底不能以言語寫出之故也。又如系統表、年代表，能使複雜者簡明，而訴于視覺，故得易于理會。又如古人之筆迹，于追想其人時有極大之效力。而歷史上之人物自己所作之詩歌，及後人歌詠其事迹者，最足使聽者感動。又歷史之著述中,其平易而有趣味者,讀而使聽之,亦有益也。

記憶及推理。直觀的所授之事項,欲使牢固記憶之,必須反復練習。但器械的反復,其效甚少。故務以種種之方法,自種種之見地復習之。

歷史若唯以爲事實而學之,但得其材料耳。故當使讀者能由之以爲有道德的品性之國民,而知處現世之主義法則。又以此主義、法則,批評人物之品性、行爲,就種種之事迹,相互之關係,特如其與現在之關係,而究其推遷發達之道,此歷史教授中判斷、推理之所以不可缺也。其判斷、推理,自從兒童發達之程度,而有淺深之別,而無論于何階段中,不可但視爲事實而學之。

心情。歷史全爲欲達道德教育及國民教育之目的而課者,而修身科之補充教科目也。故其教授不但以得知識爲滿足,當深徹於其心情,于此點與算術、理科之教授大有所異也。但欲徹于心情,不可不適當行直觀的教授。又教員亦自當有忠君愛國之念,爲好善惡惡之人物,於此點歷史科之教授,與修身科全同。

與他科目之關係。歷史科與修身科,同爲達道德教育及國民教育之目的而課者,故又可謂之修身科之補充學科。此兩教科目之教授,當聯絡而互相補益,勿待論也。又地理者,歷史之必要之準備,歷史亦地理之有興味之補充學科。故此兩教科目,亦有密接之關係。又讀本中之歷史的文章,亦足補歷史之學習,而有興味者也。此外如算術、理科等,亦有聯絡補益之必要。

教授例

預備

(甲) 指示目的。

(乙) 有問答前回之課業,以爲預備者。

(丙) 預備之材料,(一) 修身讀本、地理等所授之事項;(二) 鄉土之史談、傳說,歷史的建築物,寺廟、城砦、古碑、墳墓、古迹、古記錄等;(三) 國民生活上之事項,即風俗、習慣、祭日、諺詞、游戲等;(四) 日常見聞之事項;(五) 教育的傳說之類是也。當依此等,而求達新材料之津梁。

(丁) 當示歷史的事實所起處之地理。

(戊) 使結合以上所喚起之觀念,而復演之。

教授

(己) 一單元之教材,適宜分爲數節,節節講演之。講時須簡單而活潑,平易而有味。一節終,使兒童復演之。全體終,使復演全體。

(庚) 材料當真實,如傳說之類,不可加以私見。

(辛) 欲直觀的教授之,當提出圖畫、模型,或則讀詩歌、文章。

(壬) 於教員指導之下,使批評人物,推考事物之因果。

(癸) 當與前授之歷史事項相連結,其法(一) 依時間上之連續；(二) 依事實之發生的關係；(三) 時或依純粹之外部的關係，即其事所起之時地等而連結之。又當與他教科之事項連結。

(子) 當今所授之事項，與他事項比較，而示其異同之點，而抽出一般之原理法則。（但此非時之所得爲者，唯有適當之機會時行之可耳。）

(丑) 用教科書時，當講讀之。

應用

(寅) 使以前段所得之原理、法則，應用于兒童之身上，或應用于他科目之事項。

(卯) 以口述或筆述，自種種之方面，反復練習歷史的事實、年表、人名表，事實之連續及關係，亦製爲圖表而示之，殊有效也。

第六章　地　理　科

第一節　目　的

地理科之目的，在授人類所住之地球，特以本國爲最要，以使得生活上有用之知識，并磨練心力，養成愛國心。

人類所住之地球。地球本一個之自然物，而其表面上一切自然現象及其形狀、運動等，爲地理科之一部分，而所住之人類之生活狀態及其種種之現象，爲其他一部分。而此兩部分之中，後者最爲重要，前者不過以其影響後者耳。然地理科不但當授人事上之事項，其特色在以自然的事項爲基礎，而解釋人事上之事項，而教育上授是等事項之緊要，以有知識上之價值，并磨練心力之效故也。

知識上之價值。地理之知識：（一）不但人生日常之生活所必要，特如某種之職業，例商工業等尤必要也。（二）爲國民者所必知。（三）于歷史及理科等研究之預備，所不（如）[一]可缺者也。

今世界之交通日繁，無論何國家何人民，無不被世界之潮流者。故無論何人，于日常之生活，不可無地理上之知識明矣。特如工商業等，尤感其必要。而在萬國對峙之今日，爲我國國民者，尤宜通彼我之國勢，以盡對本國之義務。國民之頑陋，大抵不通世界之形勢之所致也。而地理之知識，特重使知本國之國勢，又不待論也。

形式上之價值。地理含自然上及人事上之事項，故足以磨練各種之心力。地理不可不自鄉土之直觀始，又務觀察各地方之風土人情。觀察之所不及，以想像補之，於是得磨練觀察力與想像力，而振起經驗的興味。推考地理上諸現象之關係，得磨練思考，而振起推理的興味。土地之風景，城市之建築，得振起審美的興味。知各地之人民，自他之邦國得喚起對人類之同情，及對社會、國家之愛情。又知國家盛衰之狀，悟世界有機體之運用，得喚起宗教的興味。故地理科之教育上之價值，不可謂不大也。

甲、鄉土誌

鄉土誌之目的。我國小學中不設鄉土誌之科目，然在德國則多設之，其目的在直觀的授鄉土之諸事物，以作領會諸教科目之素地，而於地理科中尤所必要，故附屬之于地理科。抑知鄉土之事物，實知一切新材料之根本也。缺此根本，則地理教授不過言語、符號之記憶耳。今我國小學雖不設此科，然宜與讀本聯絡，或于地理之初步教授中授此等事項，蓋至當之事也。

鄉土誌之材料。鄉土誌之材料，當省其不必要，而採其可爲模範者。即示以實例，而可爲將來領會山川、都府、政治等之根本者也。若山河、谿谷等，不能示以實物時，利用庭中之小邱、雨後之溝流等可也。而鄉土之諸事物互相關係，而成一有機體，故當聯絡而授之。如此而兒童始可得地理上根本之知識。

今舉希爾列爾之鄉土誌細目案如左：

（一）父母之家及學校（父母、兄弟、父母之家……教師、生徒、學校校具……左右上下前後……學校日、日曜日、學校時），（二）春，細目略，以下仿此。（三）庭園，（四）夏之庭園，（五）牧場及河，（六）田野，（七）（八）森林，（九）（十）秋，（十一）（十二）冬，（十三）秋之森林，（十四）（十五）（十六）學校及家屋，（十七）四季，（十八）（十九）（二十）人。

鄉土誌之教法。鄉土誌要直觀的教授，故行校外教授爲善也。即於校外簡明説其所觀察，或畫圖于校外用黑板，持歸而於教室中集合教材而教授之。又校外教授，當圖所觀察之土地于黑板上，使兒童得理會地圖之知識。蓋理會地圖，要高尚之抽象力（抽象的想像），故不可不注意而授之。欲使理會地圖，亦當作鄉土之高低圖，或以濕潤之沙土示地形，而使兒童直觀之。

兒童能詳知鄉土，觀察鄉土，則能喚起其愛鄉心。愛鄉心既深，則由此而生之愛國心，亦自然而生矣。

乙、地理本部

既由鄉土誌而行基礎的教授，當進而入地理本部。

一、教材

自然地理、政治地理及數理地理。地理學之材料中，關乎地勢、氣候、山川、動植、礦物之自然物者，謂之自然地理。關乎邦國、都市、人民、生業及交通者，謂之政治地理。若視地球爲一天體，而研究其形狀、經緯度、五帶、晝夜及四時之變化者，謂之數理地理。此三部中，政治地理古來所最重，然近代之地理學，大重自然地理及數理地理，至以此爲基礎，而解釋政治上之事項。

地理上之事項。其數極多，若不慎擇之，則徒疲兒童之腦力耳。故其材料不可不採模型的、特質的也，即當採某地某國之所特有，而足以代表其地方之重要物。例如紹興之酒、寧波之雕木、蘇州之綉貨、阿拉比亞之馬、瑞士之鐘表，皆深有關于其土地之事情，而足以代表其土地者也。至人口之數，貿易之額，山河之大小，不必精細記之，但記其大數可耳。

府縣本國及外國之地理。府縣地理與鄉土地理異。鄉土地理于鄉土誌中授之，故府縣地理之不可與鄉土誌混，不待言也。而兒童所屬之府縣，除其鄉土外，乃與彼最接近者，故當注意而授之。本國地理，其當授地勢、氣候、區劃、都會、物產、交通等，固可勿論。尤不可不使知政治上、經濟上之狀態，及其對外國之位置。此從國民教育及日常生活之上觀之，皆爲極要之知識也。至外國地理，固但可授其大略，然與我國有重要之關係之諸國，當稍詳授之。如各大洲之地勢、氣候、區劃、交通及諸大國之都會、物産等，皆當注意授之者也。若于無甚關係之諸國，而必一一細授其都會、物産，固自不可。又我國小學中，無外國史一科，故于地理中附授與我國有大關係之諸國之略史，亦必要也。

分解法、總合法、循環法及聯合法。地理材料之排列法，有左數種：

分解法者，授鄉土誌畢後，直授地球之全體，次分解之，而授各大洲，更區分之而授各國。此法不適于兒童之能力，又不以府縣及本國地理爲基礎，不可從也。

總合法者，自鄉土而府縣，自府縣而本國，自本國而亞洲，終授地球之全體，所謂旅行體是也。然此法過泥“自近及遠”之原則，故當并用分解法及總合法，謂之總合的分解法。此法先自鄉土，而府縣，而本國，遂及地球之全體，而後分解之爲一國一地方而授之。

循環法圓圈法。者，初學年自全體中選平易之部分，次學年授其稍難之部分，如此而授畢其全體者也。此法若用之失當，則不過反復教授同一之事項，至使兒童失其興味，而又有前後混亂之患。而高等小學全學年内，循環二次已足，而其循環，初據總合的分解法，後據分解法可也。

聯合法。地理有與歷史聯合而授者，有與理科及他事物教科聯合而授者。然使地理失獨立之位置，則不能完全發揮地理科之價值，不待論也。故地理科當視爲獨立之一科，而與他教科目如歷史、理科等聯絡而授之。

二、教法

直觀的教授。鄉土誌之當用直觀的教授，既如前述。地理本部之教授，亦當依旅行等之方便，而直觀的授之。然如本國地理、外國地理，到底不能使兒童悉蹈其地，視其物，故不能行直接之直觀的教授，而當用間接之直觀的教授法。即第一，用地圖、高低圖、地球儀、繪畫、寫真、模型等。第二，以兒童既有之觀念爲根本，而爲精確明晰之談話。

地圖者，地理教授之中心也。其用于教授者，省其無用而但記顯著之事項可也。高低圖能表出地形之真狀，故比地圖更易理會。故於自實地之直觀，而移于地圖之間用之，頗便利也。又使兒童畫略圖，得使其地理上之知識更爲明確。但過于綿密，則不適于兒童之能力，故以簡略爲善。又教師且談話且畫略圖于板上示之，甚有效也。地球儀爲說明地球之形狀、運動時所不可缺。又欲示地理之建築、風景等，又不可無模型、繪畫、寫真等物。準備此等物件，地理教授上第一之要件也。

教師預備必要之物件外，其談話當逼真而有生氣。即當以兒童既有之觀念爲材料，而活動其想像。欲爲此等談話，不可不用講義教式。如問答教式，雖足以檢閱兒童之知識，或使之反復練習，然其有用于得新知識也不甚多，故寧以講義教式爲主也。

比較法。地理授各地方之山川、都市、物産等，其材料甚多。然使此等材料之間一無關係，則其所得之知識，必龐雜而無統一。故當比較其異同之點，以舊事物爲計新事物之尺度，則于理會及記憶上皆有大效也。如里得爾以比較法組織其地理學，現時英國之米格爾約翰亦大用比較法，而著《新地理學》者。此一面使地理教授爲直觀的、理解的，一面便于記憶也。

記憶及推理。以直觀法教授，又以比較法使理解之事項，當使確實記憶之。地理之不可但以記憶爲事，與他教科同。然忽于記憶，則無教授之效。故當精選材料，而授其極緊要者。但所授者必牢記之，此際當以前所授之事項，爲後授事項之準備，或使以後事項與前事項比較，或使反復既習之事項等。

於地理教授中，推理之力亦必要也。自然地理中之諸現象皆相關係，而決非孤立者。山岳之形勢定河流之方向，山河海陸影響于氣候，氣候影響于動植物之分布。又自然地理上之諸現象，與人事上之諸現象相關係，即山河、田野之配置，定都府之所在地，土地、氣候關于生業、物産，又影響于人民之心性。如此地理之諸現象，互爲有機的連絡，故無不有原因、結果之關係。又與他地方比較，而可由類推而得之者不少。若但委于器械的記憶，則大減地理科之興味，及其教育上之價值也。

心情。地理之教授，不但授以知識，尤以養成心情爲必要。夫熟知鄉土者,自有愛鄉之心,而愛鄉心又愛國心之基礎也。故學本國之地理,而知吾人祖先歡樂、勞苦、成功、失敗之迹,自知我與本國之間有不可離之關係,而使我有永守此地及進其繁盛之希望。學外國之地理,則見彼之所優,足以自知我之所短,見彼之所短,則更足以形我之所優。故地理之養成愛國心實大也。若夫使知山河、都邑之美,則足以養成審美之情,故與地理聯絡,而授平易有味之詩歌、旅行記等,殊有效也。

地理與他教科目之關係。地理一面與自然學科中之理科等,一面與人事學科中之歷史等,皆有密接之關係。而有時又足爲理科、歷史等之預備科目,殊如歷史若無地理上大略之知識,到底不能授之。故小學校中先授地理,稍進步後及于歷史可也。

教授例

預備

(甲)指示目的。

(乙)由鄉土誌旅行之經驗,前之地理教授及歷史教授中,搜集理會新教材必要之材料。

(丙)時有復習前課業以爲預備者。

教授

(丁)就地圖而使兒童發見其所能發見者。

(戊)兒童所不能發見者,說明之,而使得活潑之直觀。

（己）談話之，而且于板上記名稱、數量等，以助兒童之了解。

（庚）教授之事項，當以前者爲後者之預備，推理之前提，而提示之。此際不必從教科書記述之次序，應兒童之狀況而從便宜之次序可也。

（辛）示以寫真帖、模型等。

（壬）或誦讀詩歌、旅行記。

（癸）今所授之事項，務與前所授之事項比較。

（子）連絡各部分爲一全體，使復演之。

（丑）依教科書而講讀之。

練習

（寅）時或使筆述提示之諸項，或使製爲圖表。

（卯）使畫略圖。

校勘記：

〔一〕據文意刪。

第七章　理　　科

第一節　目　　的

理會自然之統一生活，及人類之開化事業，相待而達理科教授之目的。此二目的之所本，一在心意之修養，一在人生之利用也。

豐僕爾德謂自然當視爲"依內部之勢力而活動之一全體"而解釋之，即理會自然之統一生活之意也。蓋動物界自許多動物營公共生活而成，植物界自許多植物營公共生活而成，而此二界亦互相關係。且與礦物界相關係，更與物理學、化學上之現象相關係。自然界如此而成一統一之生活體，而萬物之靈之人類，亦此統一體之一部也。故理科教授在理會自然之統一生活，特如人類在自然中之地位，不可不知也。理會自然之統一生活後，人類之征服自然而利用之，以漸進于開化之事業，亦不可不知也。即使知人類之採動植、礦物及自然力，而利用之於衣食住及一切之器用，亦人類生活之知識上所萬不可缺也。

於理科中授自然物及自然現象，其有益于人生不容疑也。世界之生產、交通及一切之事物，所以有今日者，無不由于利

用種種之天然力。故謂物質的文明之進步，全由於理科之進
步，無不可也。且學習理科，又足以修養心意，喚起興味。直
觀自然物及自然現象，而練習思考，自起經驗的興味；發見其
間之一定法則，自起推究的興味；味自然界之美妙，足養審美
的興味；理解動植物之生活，而禁其殘害，又足以喚起同情的
興味也。

第二節　教　　材

自然物及自然現象。自然物包動、植、礦三界，教授時當
注意下所述之諸項：（一）授其名稱、性質、形狀、功用等，而在
動植物，當使知其生長發育之次序。蓋學動植物之分類，不如
知其發育之更爲重要也。（二）使理會動植之爲公共生活之
狀態，與人類在此中之位置。（三）就人類以天然物所製之加
工品，而得其知識，亦理會人類之開化事業時所必要也。
（四）當視人爲一個之自然物，而知其身體之構造及生理衛生
之法則。蓋他自然物，不過爲吾人所利用之手段，吾人之身
體，則利用他物之目的也。則人體之知識自較他物更爲重要，
故人身之生理衛生之知識，不可不多授之。

自然現象含物理上、化學上之諸現象，即包括重力、運動、
聲光、熱電、磁氣等之物理的現象，元質及化合物之化學的現
象，當教授此等現象，及應用其理法所製之器械。授自然物及
自然現象時，（一）在使知個個之物體及現象；（二）分別此等

而作系統；（三）知行于此等間之理法是也。於動植、礦物，以前二者爲重，於理化的現象，以後者爲主。授以上之教材時，選擇之標準如左：

（一）當取平易而易解者，要複雜之器械者，不可授之。

（二）當先取在鄉土之範圍内及兒童之經驗内者，進而及于鄉土外經驗外之範圍。

（三）當取可爲模範者，即就許多物體及現象中，取其足以代表他物或足説明他物者授之。

（四）當授與人類生活有重要之關係者，即與人生以利益，而可應用於家事、農工業者，固可勿論。即有害動物、有毒植物、有毒氣體等，亦當授之，使知所避也。

（五）某事物奇異而喚起興味者當授之，例如自然物中之燕、蟻、蜂等是也。

理科之構成。理科乃混合自然物與自然現象，而視自然爲一全體而授之，故自不得不與動植、礦物學及物理學、化學異其構成之法。今雖未十分完備，左數項其要件也。

（一）在初年級，此科不爲一教科目，而當與鄉土誌及讀本聯絡。德國之教則中，有于三學年以上或五學年以上加理科者。我國《奏定章程》中，初等小學中雖有格致一科，未定自何時授起，然以自四五學年以上授之爲當，其以前之理科教授，與讀本聯絡可也。

（二）本科務先自庭園、池沼、田野、森林等之小公共生活體授之，而於各學年分配種種之教材。若第一學年授植物，第二學年授動物，此等分配法大不可也。故無論何學年，當授種種自然物、自然現象，而使此等教材互爲有機的連絡，而有所統一。然自然物較自然現象爲易解，故初以博物之事項爲中心，而雜以理化之事項，後以理化之事項爲中心，而雜以博物之事項可也。

（三）當從季節而選定教材，而於自然物爲尤甚，例如植物主于春夏秋三季教授之可也。

（四）當從土地之狀況而分配教材，故各學校各有特別之分配法。

（五）概括各事實而作系統，當於分別授許多之事實後行之。

第三節　教　　法

觀察及實驗。觀察與實驗爲科學研究法之本體，理科之教授非依之不能成功，不待論也。而直觀自然物之自存在，及自然現象之自起時，謂之觀察。用人工而使生一定之現象者，謂之實驗。故觀察知識之始，而實驗知識之終也。而自然物之研究，主用觀察法。自然現象之研究，主用實驗法。人人日常之經驗觀察，如物之落地，水之就下，火之焚，葉之綠，花之紅，鳥之鳴，獸之走，人人所知，初無示之之必要。然亦有當使留意觀察者，即一臨實地就實物而直觀之，一依標本、模型、圖

畫而觀察之是也。欲行前法當行校外教授，或但示觀察之要
點，而使各自觀察之。或於學校設小植物園，而使觀察草木花
卉，亦必要之方法。而行第二法時，標本以用教師及兒童所自
採集者，圖畫以用彼等所自畫者爲最良。又授動植物時，能備
顯微鏡則尤善。

　　實驗務用日常之器具行之，要複雜之器械者，因器械之複
雜，反不能理會其所生之現象。又要數學的證明者，概不可
授之。

　　授事實分類及法則之事。理科中有以授個個之事實爲教
授之目的者，如某種動植、礦物之性質利用，某器具之構造，某
化合物製法效用等是。又有就許多之動植物，本其異同之點
而分合之者，此亦於自然物之研究上有特別之價值。然事實
與分類，必知統一許多之自然物及自然現象之理法，始得堅固
之基礎，故原理、法則之知識，亦必要也。

　　於實際之教授，有以事實爲主者，有以分類爲主者，又
有以法則爲主者，有合事實與分類者，有合事實與法則者，
是等皆當各應其時，而爲相當之處理。以事實爲主時，當
直觀的授之。若本既知之物體現象而分類，或抽出法則
時，則其物體現象不過預備而已。而種種之現象事實，務
應兒童之能力，本因果法而授之。例如植物之葉，何故擴
于空中，其根何故深入地下，不但以記憶爲足，當使尋其理
由而理會之。

教授例

預備

（甲）指示目的。

（乙）以授自然物及自然現象之事實爲主時，當喚起兒童既有之觀念，使理會其所授之事實，而就此事實兒童所既知者，必問之。

（丙）本于已知之事實，而授分類及法則時，當復習其事實。

教授

（丁）於校外教授所觀察者，及兒童所各自觀察者，尚更問答之，批評之，整理之。

（戊）用標本、模型或圖畫時，當舉某自然物之形狀、性質、發育之要點，使由一定之次序而觀察之，而教師一一批正之。兒童觀察之所不及，則説示之。又自種種之點觀察畢後，則使一括而答之。

（己）行實驗時，當使十分了解器械與所得之結果，而明確説述之。

（庚）使兒童以既知之事實，比較觀察及實驗之事實而分類之，或抽出理法。

（辛）當以精確之文言，表出前項之結果，又時或以適當之詩歌，喚起兒童之感情。

（壬）用教科書時，則講讀之。不用時，則使筆記其要旨。

應用

（癸）當試其所教授之事項能理會與否，使或口述，或筆述，或畫之。

（子）使以所教之事項應用於實地生活上。

（丑）使兒童各自觀察自然物，或採集標本，或實驗探究之。

（寅）最後當使知所授之事項與自然全體有何關係，及人間對此物之位置。

第八章 圖畫科

第一節 目 的

爲技術之目的。文字之次，其有用於人生者，圖畫是也。蓋記事物，固以文字爲最要，然文字所不能形容者，得以圖畫補之，如紀行之有插畫，器具、招牌之有雛形，頗便利也。又他學科中，圖畫亦所必要，例如地理、理科等，其不可無圖畫之助，人人之所知也。而工藝上之用有更大者，此其技術上之價值也。

精神發達上之目的。圖畫於精神之發達上有大效，其及于知力者，則得練眼之感覺、手之筋肉之精敏之運動及想像力等是也。感情上則得養審美之情，又能訓練意志，而使得綿密、秩序、清潔等之習慣。

第二節 教 材

自在畫及用器畫。自在畫者，不用器械，而但依手指自由之運動者也。小學校主課之用器畫，則依器械之補助，而精描形體者，工業上尤必要也。德國小學中重用器畫，我國則用器畫與自在畫并課之。

自在畫中有臨畫、寫生畫、工夫畫三種。臨畫與寫生畫，二者不可偏廢，然其終局之目的，在看取通常之物體而正畫之，故寫生畫尤爲圖畫教授之要部也。至工夫畫則有練兒童之想像、養美感之效，然非稍進步後，不可課之。

自在畫有鉛筆畫與毛筆畫。鉛筆畫於精密之點，優于毛筆。然毛筆畫合于我國用毛筆之習慣，又爲保存古來之美術所不可缺也。

畫題。畫題當自直綫、曲綫之單形始，次及于簡易之平面形及立體形。自然物即人體、動植物、景色等。及技術品，當計其難易，應兒童發達之程度，而相錯而授之。但如風景畫，不可多課。又使畫他教科目中之事物，亦得各教科聯絡之益。

第三節　教　　法

臨畫。於臨畫時與教書法同，先使解原本，而後授畫法。

畫法可分示範、說明、練習三段，其處置全與書法同，終當以背臨爲旨。

寫生畫當應用臨畫之法，細觀實物而畫之，其所畫者，當批評訂正之。

工夫畫與以若干之直綫或曲綫，使自畫一形體。或不用原本及實物，教師說明某事物而使畫之。或全依兒童之意匠，而使畫物體、景色等。此法雖有興味，然不可多課，唯逾時一課之可也。

第九章 體　　操

第一節　目　　的

體操第一以身體上之效力爲目的。身體因體操而發達，又能使各部均齊發育，體操特別之效力也。此外又能强身體，美容姿，使四肢之運動機敏。第二，體操之及於精神上之效力亦不少。即使人心快活，增其自信、決斷、勇氣，又能使服從規律，而以自己之意志，服從于全體意志之下。而體操之效力，不但及于身心之修練，又與以一種之技能，此技能于爲兵士而盡國民之義務時，尤必要也。

第二節　教　　材

小學體操之教材，游戲、普通體操、兵式體操、戶外運動、水泳等是也。

游戲獎勵身心之自由活動，又以多興味故，最適于兒童。兒童於未就學前，依游戲而發育其身心，學校當繼續之，以全其發育。故小學第一學年之體操，以游戲爲適當，至後學年，亦兼課之可也。

普通體操較游戲近於規律，當於兒童之身心稍習于規律後始課之，而游戲又普通體操必要之預備也。故第一學年授游戲，第二年入普通體操可也。普通體操有徒手、器械二種，如矯正術、徒手體操屬於前者，啞鈴、球竿、棍棒、體操屬于後者。前者宜于初學年，後者適于後學年。

兵式體操較普通體操更要服從嚴肅之規律，故至高等小學課之可也。而小學所課之兵式體操，不可與兵士之訓練同，而必適于兒童身體之程度，固不待論也。而授兵式時，不但當養剛毅之氣象、規律之習慣，尤以使得將來爲兵士之基礎爲目的。

户外運動其種類甚多，有用器械者，有不用者。其無危險及不害于道德者，務獎勵之。普國文部省特命國民學習練步走、泳水，不但於運動有大效，且能强硬皮膚，使不罹感冒，甚有益也。

第三節　教　　法

快活及規律。體操第一不可不快活行之。欲使體操快活，（一）當應兒童身體之發達，而課以適當之練習；（二）不可於過度之寒熱中運動，又不可使體操場不潔；（三）教員當熱心運動，而喚起兒童之熱心；（四）雜以唱歌，或使合唱而運動。次欲使體操有規律時，其練習不可過久，當注意各運動，而綿密正之，但不可如訓練兵士之嚴，不待論也。

　　種種之注意：（一）身體有缺點者，得缺全部或一部之運動；（二）有病者不可使運動；（三）運動上體者及運動下肢者，當互相調和；（四）屢命兒童在教員之位置而運動；（五）不必多授新教材，而以練習所已授者爲主；（六）體操所得之姿勢，于起立進行，當時時使保存之。

　　教員之位置。於教體操時教員之位置有三種，圖中甲、乙、丙是也。圈之大小示兒童之長短。

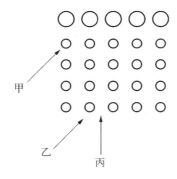

教授例

示範

（甲）指示所欲授者。

（乙）與以新運動之模範，此時教師當立于全體兒童所能見之位置，而爲最適當之示範。

説明

（丙）與既授之運動聯絡，而分解且説明新運動。

（丁）既分解者，更總合而示之。

（戊）說明其所授之運動有何目的。

（己）說明須簡短而明晰。

練習

（庚）先使試一部分之運動，各部分畢後，更連結而練習之。

第十章　單級教授法

第一節　單級教授之特點

於單級教授中，各教科目之目的教材教法，與多級教授毫無所異。唯以一人之教師，集學力年齡相異之兒童爲一級而教授之，自不無少異者耳。

單級教授之特點，當從兒童教材及教法上觀察之。

就兒童言之，則最要彼等之自動作用。蓋單級教授，教員對某部分之兒童而行直接教授時，同時亦使他部之兒童，間接在教員監督指揮之下，而自習其業。能如此，則教員直接教授之時間雖少，而兒童之所得者多，此單級教授中之最要點也。

就教材言之，則其分配之于兒童之方法，不可不得其宜。即某教材同時授全體之兒童，某教材之一部，同時授全體之兒童，其他部分別授之，總使教員得節用其勞力。

關教授之方法，直接之教授，當與兒童之自動的學習交互錯綜，而以教員之勞力，平分於各兒童，且無論某兒童，不可使空費時間。

單級教授有要求兒童之自動作用，而確實其知識、技能之特長，又自訓練之方面觀之，能喚起師弟之親愛。蓋教員有數人時，則其教訓模範或不能統一，然教員一人之單級學校，毫無此病。然至其所授之知識、技能，固不能不少于多級學校，而其教科目亦以少于多級學校爲便。故普國之國民學校教則，單級學校之教科別規定之。我國《奏定章程》中雖無此別，然實際兩者之不能同一，不待論也。

要之，小學校雖不可如普國之以單級學校爲本體，然不認單級教授之特長，亦不可也。畢竟單級學校，村落學校中所不可缺，總以以其特長償其缺點爲要。故此種學校要熟練巧妙之教員，而採用有數年之經驗者可也。

第二節　教材之配列

部分。於單級教授，不能以全校之兒童爲一團，而施同一之教授。故不可不從兒童之年齡、學力而分爲數部。德國小學有以八學年之兒童分爲三部或四部者。其分爲三部者，則以一年生爲一部，二、三年生爲一部，四年生以上爲一部。其分爲四部者，則更以四、五年生爲一部，六、七、八年生爲一部也。

日本之初等小學有分三部者。一年生爲一部，二年生爲一部，三、四年生爲一部。分四部時，各學年生各爲一部。

四年卒業之高等小學分三部時，或一年生爲一部，二年生爲一部，三、四年生爲一部。或一、二年生爲一部，三年生爲一部,四年生爲一部。或一年生爲一部,二、三年生爲一部,四年生爲一部。皆隨便宜而分之。亦有分作兩部,而以一、二年生爲一部,三、四年生爲一部者。

德國教育家有謂全校之兒童,不可分作三部以上,蓋部分少則教授之便利益多。但此部數固非一定不動者,其中某教科有時可合而教之,然四部之教授,依經驗上觀之甚困難也。

部分與教材之關係。教材有時對一部或數部,得用同一之材料。有時只一部中得用同材料,又有時一部中材料有不得不異者。

概言之,以同學年生編爲一部分,得全用同教材。然以二學年以上爲一部者,其教材有時不能不異。在各別之部,多用異教材,然時亦有可用同教材者。

以一學年生爲一部時,無論何科得用同教材,勿待論也。二學年生所編成之一部,或一學年生所編成者之二部,除算術外,殆得以同教材教授之。國語之綴法、書法,地理、歷史、理科、圖畫、農業、商業,亦大抵可用同教材。然讀本、算術則不能。而全校或二部以上得用同教材者,修身、體操、唱歌、裁縫、手工也。

綴法、書法及圖畫,以一學年生爲一部之二部,或以二學年生編成之一部,大抵得用同教材。然有時教材中之一部,只授高程度之兒童。例如綴法之問題中,某事項但使進步之兒童記述之,圖畫之某題,使低程度之兒童省略其中之某部分而畫之。

于地理、歷史、理科等二學年間之教材，得分爲甲、乙二部，年年交代而授之。但爲初學之兒童，當施若干之特別教授，使得與既習一部之兒童共學。

至讀本算術，其進步有一定之次序，故對二學年之兒童用同教材，甚爲不易。算術除練習問題之外，分別教之可也。唯于高等小學一學年授分數，一學年授小數，不必拘先後之次序，故得以同教材教授之。

修身對兒童全體用同教材時，教師之言語、引例，當使長幼皆得理會之。至體操、唱歌，先爲特別練習後，大抵得同一教授，唯某部分使幼年之兒童缺之可也。

第三節　教　　法

兒童之訓練。於單級學校，尤能訓練兒童使守秩序，如拭黑板、注硯水、收集習字簿及他成績物，或分配之，開閉教室窗戶等。教員若一一自爲之，則費時頗多，不能收教授之效，故當使兒童爲之。而最必要者，喚起兒童之自動力也。若兒童徒受動的待教員之教授，則其所得不得不少，故教員當時注意而使之自努力。此單級教授之特點，教育上大可重者也。

兒童之自習。於單級教授，當細分兒童可自習之部分，及教員直接教授之部分。而教員于一面行直接教授，一面使他部之兒童，在其監督之下，而從事于自習。而教授之階級中，

預備與應用,大抵爲兒童自習之部分。而兒童自習之部分,雖於各教科目不同,茲示其大略如左:

一、復習既習之部分,此際或使默讀,或遞讀,而互相訂正之。

一、預習新授之部分,即使先讀教科書,或檢閱地圖、標本等。

一、預習讀本時,其中難解之字句,當釋之于小黑板上而揭示之。

一、練習今所授之部分,即教員與以範讀、範講後,使各兒童自練習之。

一、使兒童互訂正其所默寫之字句。

一、圖畫及書法之練習、綴法之屬文等。

一、使畫地圖或實物器械。

一、筆答應用問題。

若用准教員及補助生時,當使擔任此自習之事業,而准教員於某時,得行新教授。

教員之準備。教員不可于教室浪費時間,故當爲教授之準備,先備教授上所要之物件,可不待論。又當於小黑板上預音釋兒童當預習之字句,或記算術之問題,或寫習字、圖畫之稿本,而揭之教室。又當預定直接教授某部時,他部自習何科目,其時間凡幾分乎,及各部教授力之分配得宜等,而於讀法防音聲之混雜,亦當注意之事也。